Bachblüten
für die Hundeseele

Verhaltungsstörungen und Erziehungsprobleme
erfolgreich behandeln

Marion Brehmer

www.jimhumbleverlag.com

Bachblüten für die Hundeseele

Marion Brehmer

Das Neue Licht / Jim Humble Verlag

Postbus 1120, 6040 KC Roermond, Niederlanden

www.jimhumbleverlag.com

Erste Ausgabe der überarbeitete Neuauflage: August 2018

ISBN: 9789088791789

Cover: Irene Rep

Fotos: Flora Cura
Pixabay.com

INHALT

EINLEITUNG

Von den vielen Arten, sich mit Hunden zu beschäftigen ist es sicher eine der schönsten, freilaufende Hunde beim Spiel zu beobachten. Wenn fremde Hunde einander begegnen oder ohne unser Zutun ein Problem untereinander lösen. Leider treten immer häufiger Verhaltensstörungen bei unseren Hunden auf und das Hundeleben besteht nicht nur aus fröhlichem Spiel. Im Zusammenleben zwischen Hund und Mensch müssen beiderseits viele Regeln eingehalten werden, damit alle Beteiligten zufrieden sind. Der Mensch kann sich bis zu einem gewissen Grad in seinen Hund hineinversetzen – sofern er die Grundlagen der „Hundesprache", die Entwicklungspsychologie und den Lernrhythmus eines Hundes kennt. Der Hund jedoch lebt nur in seiner Hundewelt und daher sollten wir möglichst viel über unseren vierbeinigen Freund wissen. Die Tierpsychologie sieht in jedem einzelnen Tier ein unverwechselbares Individuum und versucht, es in seinem Fühlen und Verhalten zu verstehen. Das Tier sollte als Persönlichkeit gesehen werden, ohne es zu vermenschlichen. Zum Erkennen von persönlichen Eigenarten und der Behandlung abnormer Verhaltensmuster ist es enorm wichtig, die Gesetze des Lernens zu kennen. Nur so kann man Verhalten verstehen und eventuell ändern und hierbei soll ihnen dieses Buch helfen.

Verhaltensstörungen können mit Hilfe der Bachblütentherapie behandelt und behoben werden.

Zu dieser Erkenntnis kam ich nach jahrelanger Therapie sogenannter „verhaltensgestörter" Hunde. Oftmals handelt es sich um reine Aufzucht- oder Erziehungsfehler, Unterordnungsprobleme, Aggressions- oder Angststörungen. Selten liegen genetische oder krankheitsbedingte Störungen vor, welche sich auf die Psyche des Tieres auswirken und zu einem unerwünschten Verhalten führen. Häufig liegen die Probleme jedoch auch in einer falschen Haltung oder einem „vermenschlichten" Umgang mit dem Hund begründet. Für manche Störungen ist es ausreichend, das eigenen Verhaltensmuster durch entsprechende Erziehungsmaßnahmen zu verändern. Liegen die Probleme jedoch tiefer – aufgrund eines Schocks, negativer Erlebnisse oder tiefsitzender seelischer Störungen, so gilt es, die Psyche des Tieres zu heilen. Hierbei leisten die Bachblüten unschätzbare Dienste, sofern die richtige Mischung für das jeweilige Tier zusammengestellt und verabreicht wird.

Durch die Kombination der entsprechenden Erziehungsmaßnahmen, Verhaltenskorrekturen sowie der Bachblüten können Ängste und Aggressionsbereitschaft aufgelöst, Selbstbewusstsein gestärkt oder (im Fall von Dominanzstörungen) verringert werden, Panik- und Schocksymptome ebenso wie Trauer oder Eifersuchtsgefühle gelindert werden.

Bachblüten beeinflussen die Seele – sie regulieren seelische oder auch charakterlich bedingte negative Schwingungen im Lebewesen und stellen wieder ein harmonisches Gleichgewicht her. Positive Energien werden aktiviert und das Immunsystem gestärkt. Sie dienen nicht dazu, organische Krankheiten zu beheben, sondern gleichen die zu einer organischen Krankheit führenden oder durch eine Krankheit ausgelösten Disharmonien aus.

Bachblüten sollten daher bei den meisten Verhaltensstörungen unterstützend eingesetzt werden. Die sogenannten „Notfalltropfen“ RESCUE sollte meines Erachtens jeder Hundehalter mit sich führen – mehr dazu im Kapitel „Bachblütentherapie“.
Die ideale Kombination der richtigen Erziehung sowie Bachblüten bei bestehenden oder zu erwartenden Problemen in Umgang und Haltung verspricht größtmöglichen Erfolg bei der Therapie einer Verhaltensstörung und ermöglicht so die gewünschte Harmonie zwischen dem vierbeinigen Freund und seinem „Familienrudel“ auf die sanfte Art.

Im Anhang des Buches finden Sie einen Kurz-Analysebogen. Schildern Sie ihr aktuelles Problem und senden Sie das Formular mit einem an Sie adressierten Freiumschlag (Bearbeitung sonst nicht möglich) an den Verlag. Sie erhalten eine speziell auf ihr Tier zusammengestellte Bachblütenempfehlung, welche Sie sich in ihrer Apotheke mischen lassen können.

1. BACHBLÜTEN

1.1 Was sind Bachblüten und wie wirken Sie?

Bachblüten sind Essenzen, die aus den Blüten von ausgesuchten, wild wachsenden Blumen, Bäumen und Sträuchern auf natürliche Weise hergestellt werden. Ihren Namen verdanken sie dem englischen Arzt Dr. Bach, welcher die 38 Blüten zwischen 1930 und 1936 entdeckte und zur Behandlung von Patienten einsetzte, die an negativen Gemütszuständen litten, wie z.B. an Ängsten, Aggressionen, Verzweiflung und Unsicherheiten. Diese negativen Gemütsverstimmungen waren seiner Meinung nach die Ursache, dass die Patienten überhaupt krank wurden – was inzwischen durch die medizinische Forschung bestätigt wurde.

Auch bei Tieren besteht ein sehr enger Zusammenhang zwischen seelischen Disharmonien und organischen sowie psychischen Störungen. Die Praxis hat gezeigt, dass Tiere oft besonders rasch auf die positiven Impulse der Bachblüten reagieren, so dass eine Harmonisierung häufig innerhalb kürzester Zeit erreicht ist. Ein scheues und ängstlicher Hund kann z.B. mit der Blüte Mimulus in wenigen Tagen seine Furchtsamkeit überwinden und Mut und Vertrauen entwickeln.

Wer seinem Tier mit Bachblüten helfen möchte, sollte trotzdem im Zweifelsfalle abklären, ob das veränderte Verhalten unter Umständen organische Ursachen hat. Die Bachblüten-Therapie kann und will eine notwendige tierärztliche Behandlung nicht ersetzen. Vor allem bei akuten psychischen Störungen (z.B. Ängste, Aggressionen), Verhaltensstörungen (z.B. Unsauberkeit, Eingliederungsproblemen), bei Notfällen aller Art und als seelische Unterstützung in schwierigen Situationen (z.B. Arztbesuch, Geburt, Trauer) sind sehr gute Erfolge erzielbar. Auch zur Mitbehandlung chronischer Erkrankungen (z.B. Durchfall, Ekzeme oder Haarausfall) werden die Blüten erfolgreich eingesetzt. Zeigt ein Tier scheinbar unerklärliche seelische Verhaltensänderungen, kann die Beobachtung seines Umfeldes häufig Aufschluß über die Ursache der Störungen geben. Ein Haustier steht in vielen Beziehungen zu seiner Umwelt: Dem Tierhalter, anderen Familienmitgliedern, anderen Tieren usw. Oft spiegelt sein Verhalten Konflikte seiner Umgebung wider, z.B. Partnerschaftsprobleme in der Familie, Kummer des Besitzers oder Veränderungen im Umfeld. Was der Tierhalter als Unart empfindet, kann ein seelischer Hilfeschrei des Tieres sein, welches sich nicht anders äußern kann. Erfahrene Tiertherapeuten versuchen daher immer, ein genaues Bild vom Umfeld des Tieres zu gewinnen. Manchmal ist es sinnvoll, wenn sich auch der Tierhalter einer Bachblüten-Therapie unterzieht. Wie der Alltag leider deutlich zeigt, sind sich viele Menschen ihrer Verantwortung gegenüber den Tieren häufig nicht bewusst, z.B. eine artgerechte Haltung und Versorgung wird oft aus Unwissenheit oder Nachlässigkeit oder aufgrund einer Vermenschlichung des Tieres mißachtet. Jeder Haustierhalter sollte zuerst unbedingt sicherstellen, dass das Tier seiner Art entsprechend möglichst natürlich gehalten wird (ausreichender Auslauf, gesunde und ausgewogene Ernährung usw.) Mit den Bachblüten-Konzentraten können keine Schäden behoben werden, die durch eine falsche Haltung entstanden sind. Auch eine Überforderung z.B. beim Sport kann bei dem Hund eine psychische Überforderung und eventuelle spätere körperliche Krankheit auslösen

Bachblüten sind einsetzbar:
- Im Notfall und bei akuten seelischen Belastungen (Rescue-Notfalltropfen)
- Bei langanhaltenden, chronischen Beschwerden zur Bekämpfung der Ungeduld oder Reizbarkeit
- Zur Therapie von seelisch bedingten Verhaltensstörungen
- Zur Unterstützung der Erziehung z.B. bei Gehorsamsproblemen, Unterordnung

In vielen Jahren der Anwendung von Bachblüten wurden keine unerwünschten Effekte weder beim Menschen noch beim Tier beobachtet. Wechselwirkungen mit Medikamenten sind nicht bekannt und Bachblüten lassen sich hervorragend mit einer homöopathischen Behandlung kombinieren.

Selbstzubereitung eines Einnahmefläschchens, hierzu benötigen Sie:
- Die Konzentrate (Stock Bottles) der ausgewählten Blüten
- Ein 20 oder 30 ml-Fläschchen mit Tropfpipette
- Wasser ohne Kohlensäure

Eine Konservierung ist zur Anwendung bei Tieren nicht sinnvoll. Herkömmliche Konservierungsmittel wie 45prozentiger Alkohol oder Obstessig wird von den Tieren strikt abgelehnt, unkonservierte Mischungen jedoch meist sehr gerne eingenommen. Bei wärmeren Temperaturen sollte man die Mischung im Kühlschrank aufbewahren bzw. generell lieber eine kleine Flasche benutzen.

Die Verdünnung erfolgt, indem man pro 10-ml stilles Wasser einen Tropfen der entsprechenden Blüte zufügt. Bei einem 30-ml-Fläschchen kommen also pro Blüte 3 Tropfen des Konzentrates in das Wasser. Wird nur eine einzige Blüte benötigt, so gibt man von dieser 2 Tropfen je 10 ml Wasser hinzu. Je nach Situation können beliebig viele Blüten miteinander gemischt werden. Aufgrund meiner Erfahrungen halte ich die allgemein gültige Begrenzung auf bis zu 6 Blüten für nicht sinnvoll, in

Ausnahmefällen können durchaus eine größere Anzahl Blüten verwendet werden. Manchmal sind bereits 1-2 Blüten ausreichend.

Die einzelnen Blüten werden detailliert vorgestellt, auf das bewährte Kombinationsmittel möchte ich jedoch vorab und ausführlicher eingehen:

1.2 Die Spezialmischung

Rescue Remedy (Notfalltropfen)

Diese ist eine fertige Mischung, deren Rezeptur von Dr. Edward Bach selbst zusammengestellt wurde. Sie enthalten die Blütenessenzen Star of Betlehem, Rock Rose, Impatiens, Cherry Plum und Clematis und sind als Stock Bottle in Apotheken erhältlich. Oft wurden schon nach einer einmaligen Gabe der Notfall-Tropfen bei Tieren erstaunliche Selbstheilungsprozesse beobachtet. Rescue ersetzt nicht die notwendige tierärztliche Behandlung, es hilft aber, den erlittenen „seelischen Schock" aufzulösen. Somit werden die Selbstheilungskräfte des Körpers reaktiviert und der Genesungsprozess gefördert.

Schwerwiegendere Folgen eines Schocks oder bleibende körperliche Schäden werden durch rechtzeitige Rescue-Gaben häufig verhindert. Mit SCHOCK sind grundsätzlich alle Situationen gemeint, die für das Tier mit großem Stress, plötzlicher Aufregung und/oder Schmerzen verbunden sind. Dies kann eine Rauferei, ein Unfall, eine Ausstellung oder ein Tierarztbesuch sein. Rescue sollte man am besten stets bei sich tragen!

Die Dosierung von Rescue richtet sich nach der Situation und kann unverdünnt in kurzen Abständen von 5-10 Minuten wiederholt verabreicht werden, bis sich der Zustand des Tieres normalisiert hat. Falls das Tier bewusstlos ist, tropft man das Mittel vorsichtig auf Zunge oder Zahnfleisch.

Einige Anwendungsbeispiele:

- Bei Verdacht auf eine Vergiftung (zusätzliche Gabe: Crab Apple) bis zur Ankunft beim Tierarzt.
- Bei Unfällen
- Bei Tieren, die beim Autofahren ängstlich und nervös sind vor Fahrtantritt und ggf. während der Fahrt
- Zur Geburtshilfe für die Hündin und die Welpen
- Zur Sterbehilfe in Kombination mit Walnut

Rescue ist in Kombination mit Crab Apple auch als Salbe erhältlich und wird erfolgreich bei Schürfwunden, Verbrennungen, Prellungen, Verstauchungen, Insektenstichen und Verletzungen aller Art eingesetzt.

Rescue-Tropfen und Creme sind nicht zur Daueranwendung vorgesehen, sondern als Erste Hilfe für Tier und Mensch in mehr oder weniger dramatischen Notfallsituationen. Auch RESCUE kann selbst auf Dauer verabreicht – niemals ein Ausgleich für schlechte Haltungsbedingungen und ein nicht artgerechtes Leben sein.

1.3 Tipps zur Verabreichung von Naturheilmitteln

Da Naturheilmittel (Bachblüten ebenso wie homöopathische Heilmittel) größtenteils durch die Maulschleimhaut aufgenommen werden, sollten Sie folgende Punkte beachten:

- Geben Sie die Mittel direkt auf die Maulschleimhaut, dadurch erzielen Sie die beste Wirkung
- Verabreichen Sie die Heilmittel vor dem Fressen
- Geben Sie mehrere Mittel nicht gleichzeitig, sondern mit ca. 15minütigem Abstand, so dass sich die Mittel in ihrer Wirkung nicht stören oder aufheben
- Verabreichen Sie die Mittel nach den Angaben Ihres Therapeuten

Dosierungsanleitung:

Wenn Sie keine anderen Dosierungsangaben von Ihrem Therapeuten erhalten haben, halten Sie sich an folgende Regeln:

Darreichung	Kleiner Hund bis ca. 7 kg	Mittl. Hund bis ca. 25 kg	großer Hund ab 25 kg	
Tropfen	3	5	10	3-5 x täglich
Tabletten	1	1	1	3-5 x täglich
Globuli	3	5	10	3-5 x täglich
Ampulle	0,5 ml	1,0 ml	1,5 - 2,0 ml	1 x täglich
Bachblüten	4 Tropfen	4 Tropfen	4 Tropfen	4 x täglich

In akuten Fällen können Bachblüten häufiger gegeben werden

Stellen Sie eine Besserung fest, sollten Sie die Heilmittel nicht sofort absetzen, sondern sich aus der Therapie „herausschleichen“, d.h., Sie reduzieren die Gaben

allmählich. Z.B. bei einer Bachblütengabe von 4 x 4 Tropfen reduzieren Sie folgendermaßen:
für 2 Tage auf - 3 x 4 Tropfen
für 2 Tage auf - 2 x 4 Tropfen
für 2 Tage auf - 1 x 4 Tropfen

Dann hören Sie mit der Therapie auf.

1.4 Übersicht der Original Bachblüten

Agrimony (Odermennig)
für gesellige, friedliche Hunde, die nach außen hin fröhlich wirken und sich trotz Krankheit zur Aktivität motivieren lassen. Krankheit wird allzu leicht verharmlost.

Aspen (Espe oder Zitterpappel)
Für schreckhafte, oft sensible Hunde mit ängstlichem Verhalten, Der Grund der Ängstlichkeit ist häufig unklar, unruhiger Schlaf, Angstzittern. Bestimmte Orte werden aus Angst gemieden.

Beech (Rotbuche)
Die Hunde lehnen ihre Artgenossen ab, sind intolerant und häufig aggressiv, gebärden sich kampfwütig oder zeigen Protestreaktionen. Der Artgenosse gilt als Feind, Protest- und aggressives Verhalten auch gegenüber dem Mensch, Unsauberkeit, Fellbeißen.

Centaury (Tausendgüldenkraut)

Für willensschwache, gutmütige Hunde, meist überbrav und lernwillig, die sich von Menschen regelrecht ausnutzen lassen, passiv und schwach. Das Tier zeigt Überreaktionen gegenüber Artgenossen und unterwirft sich sofort. Anfällig für Infektionserkrankungen, Parasitenbefall und Verletzungen.

Cerato (Bleiwurz oder Hornkraut)

Die Hunde zeigen auffällig unsicheres Verhalten, wirken zögernd und gehemmt, sind unsicher im Umgang mit anderen Hunden und ordnen sich ihnen unter. Sie gehorchen wahllos jedem Menschen. Die Hunde wurden oft zu früh von der Mutter getrennt

Cherry Plum (Kirschpflaume)

Die Hunde stehen unter großem innerlichen Druck und neigen zu plötzlichen Temperamentsausbrüchen, wirken sprunghaft oder sogar zwanghaft in ihrem Verhalten. Unterdrückte Ängste, die sich in heftigen Ausbrüchen äußern (z.B. Angstbeißer).

Chestnut Bud (Knospe der Roßkastanie)

Diese Hunde machen stets wieder die gleichen Fehler, lernen nicht aus ihren Erfahrungen, wirken ruhelos, unaufmerksam und sind eher ungelehrig. Sie vergessen bestimmte Lektionen. Häufig von periodisch auftretenden Krankheiten wie Muskelkrämpfen oder Atemwegserkrankungen begleitet.

Chicory (Wegwarte)

Die Hunde wollen ständig im Mittelpunkt stehen, erwarten volle Zuwendung und reagieren mit Protest, wenn sie diese nicht erhalten. Sie verhalten sich aufdringlich, fordernd und versuchen ständig auf sich aufmerksam zu machen. Bei Krankheit sind sie wehleidig, Hündinnen bewachen ihre Jungen überfürsorglich. Häufig bei Kleinhunden.

Clematis (Weiße Waldrebe)

Für verträumt und teilnahmslos wirkende Hunde, die wenig Aufmerksamkeit für ihre Umwelt zeigen. Sie wirken wie abwesend, desinteressiert und lassen sich kaum motivieren. Häufig Lernprobleme durch Konzentrationsmangel, schwacher Selbsterhaltungstrieb, bei Krankheit oft völlig apathisch.

Crab Apple (Holzapfel)

Die Hunde zeigen übertriebenes Putz- und Reinlichkeitsverhalten, wirken häufig unruhig und wie unter Zwang. Neigung zu Parasitenbefall, Pilz- und anderen Hauterkrankungen.
Bewährt zur Vergiftungs-Nachbehandlung.

Elm (Ulme)

Diese Hunde scheinen überfordert zu sein, sie wirken plötzlich erschöpft und niedergeschlagen. Normalerweise kraftvolle, zuverlässige und leistungsbereite Hunde scheinen den Anforderungen nicht mehr gewachsen zu sein, verhalten sich nervös und ermüden rasch. Eine eventuelle tatsächliche Überforderung überprüfen!

Gentian (Herbstenzian)
Für mißtrauische, scheinbar negativ gestimmte Hunde, die sich leicht entmutigen lassen. Sie wirken übervorsichtig, zögern oder ziehen sich zurück. Bei Berührungen weichen sie zurück, es fehlt Vertrauen zu Artgenossen und zu der Bezugsperson. Häufig nach Besitzerwechsel oder Partnerverlust.

Gorse (Stechginster)
Für Hunde, die kraftlos, müde und resigniert wirken. Sie machen einen apathischen, freudlosen Eindruck, lassen sich nur mühsam motivieren. Oft nach einer langen Leidensgeschichte, Futterverweigerung, Unsauberkeit. Bewährt bei chronischen Erkrankungen.

Heather (Schotisches Heidekraut)
Für überanhängliche Hunde, die ständig im Mittelpunkt stehen wollen. Sie suchen ständig die Nähe anderer Tiere oder Menschen, versuchen sich durch Laute, Kratzen usw. Aufmerksamkeit zu verschaffen. Alleingelassen häufig Protestreaktionen. Typische Blüte für Klein- und Schoßhunde.

Holly (Stechpalme)
Für eifersüchtige Hunde, die sich feindselig und aggressiv verhalten. Meist gegen ein bestimmtes Tier oder Mensch gerichtete Wut und Aggressionen. Ausgelöst häufig durch Eifersucht (Baby, neuer Partner, anderes Tier)

Honeysuckle (Geißblatt)
Für scheinbar teilnahmslose Hunde, häufig nach Besitzer- oder Ortswechsel. Sie schenken der neuen Umgebung keine Beachtung, verweigern die Nahrung, können einen Verlust nicht verkraften. Häufig nach Unterbringung in Tierheim oder Tierpension.

Hornbeam (Hainbuche)
Die Hunde wirken schlaff und müde, als wären sie zu schwach, ihre Aufgaben zu bewältigen. Sie scheinen unmotiviert. Bei körperlich normal entwickelten Jungtieren fehlen Spannkraft und Energie. Erwachsene Tiere wirken bei ersten Krankheitssymptomen erschöpft und erholen sich nur langsam. Häufig Neigung zu Bindegewebsschwäche, gerötete Augen. Zur Nachbehandlung von Krankheiten.

Impatiens (Drüsentragendes Springkraut)
Diese Hunde wirken ungeduldig, hektisch, leicht gereizt und neigen zu überschäumenden Reaktionen. Sie stehen ständig unter Spannung und drängen sich nach vorne. Nichts kann schnell genug gehen und die Ungeduld schlägt leicht in Aggression um. Solche Hunde ermüden leicht, Erschöpfungszustände sind möglich. Hier muss zunächst die Schilddrüsenfunktion sowie die Haltungsbedingungen überprüft werden.

Larch (Lärche)
Die Hunde haben wenig Selbstvertrauen, sind ihren Artgenossen unterlegen, werden sie angegriffen, ziehen sie sich sofort zurück. Neuen Situationen treten sie zögernd oder passiv entgegen. Bei der Fütterung begnügen sie sich mit den Resten. Sie laufen mit gesenktem Kopf und hängender Rute umher.

Mimulus (Gefleckte Gauklerblume)
Für scheue, furchtsame Hunde, die häufig überempfindlich reagieren oder Angst vor bestimmten Situationen zeigen. Sie sind zurückhaltend, nervös und ängstlich, scheinen sich vor Artgenossen, Menschen oder bestimmten Dingen zu fürchten. Häufig erfolgen Überreaktionen auf Reize wie Geräusche, helles Licht oder Gewitter. Sie verkriechen sich oder suchen Schutz bei der Bezugsperson. Während der Genesung sind diese Hunde übervorsichtig und schonen sich noch längere Zeit.

Mustard (Wilder Senf)
Für Hunde, die ohne erkennbare Ursache plötzlich niedergeschlagen und traurig wirken, apathisch vor sich hin starren und ihre Umgebung kaum wahrzunehmen scheinen. Es wird kein Interesse mehr an Dingen gezeigt, die sonst Freude bereiteten. Periodisch auftretende Niedergeschlagenheit, oft besteht der Verdacht einer Vergiftung.

Oak (Eiche)
Für pflichtbewusste, ausdauernde Hunde, die dazu neigen sich zu überarbeiten und trotz Erschöpfung nicht aufgeben. Angestrengtes Bemühen und innere Anspannung sind deutlich sichtbar. Gefahr der Überforderung bis zur totalen Erschöpfung – häufig bei Diensthunden.

Olive (Olive)
Diese Hunde wirken völlig erschöpft und energielos, sind so müde und kraftlos, dass sie zu keinerlei Aktion zu bewegen sind. Oft erhöhtes Schlafbedürfnis. Vorausgegangen ist meist eine dauernde Überforderung oder lange Krankheit. Häufig auch bei alten Tieren.

Pine (Schottische Kiefer)

Für bedrückt und mutlos wirkende Hunde, die besonders empfindlich auf Tadel reagieren, ängstliche und geduckte Körperhaltung, evt. sogar unterwürfig. Sie scheinen ständig eine Strafe zu erwarten und ein schlechtes Gewissen zu haben und zucken häufig zusammen. Durch das mutlose und unterwürfige Verhalten ist der Hund Artgenossen stets unterlegen .

Red Chestnut (Rote Kastanie)

Für Hunde, die ein übertriebenes Beschützerverhalten zeigen. Bei Abwesenheit der Bezugsperson zeigen sie Unruhe und Aufregung, verweigern sogar häufig das Futter. Sie lassen niemanden an die Bezugsperson heran und greifen sogar an. Bei übertriebener Mutterliebe oder Scheinschwangerschaft. Nicht zu verwechseln mit Eifersucht (Holly).

Rock Rose (Gelbes Sonnenröschen)

Für Hunde, die leicht in Panik geraten oder von schweren Angstphobien geplagt werden. Sie scheinen wie von Sinnen, nehmen die Umwelt kaum noch wahr, sind vor Angst wie gelähmt oder stürmen in wilder Panik davon. Bei schweren akuten Angstzuständen (z.B. Gewitter, Silvester) und in lebensbedrohlichen Situationen.

Rock Water (Wasser aus heilkräftigen Quellen)

Für disziplinierte, starr wirkende Hunde, die ihre natürlichen Bedürfnisse unterdrücken, angespannte Körperhaltung, steife und ungelenke Bewegungen. Der Hund hat ausgeprägte Gewohnheiten und reagiert unflexibel auf Veränderungen. Die innere Starrheit führt zu Stresserscheinungen, oft glanzloses Fell, weibliche Tiere zeigen Deckschwierigkeiten. Häufig bewährt bei Gelenksteife und Arthrose.

Scleranthus (Einjähriger Knäuel)
Für unausgeglichen und hektisch wirkende Hunde, deren Verhalten und Stimmung ständig wechselt. Sie zeigen wenig Ausdauer und können sich nur schwer konzentrieren. Wechselnder Appetit, Gleichgewichtsstörungen, schwankende Körpertemperatur und ein häufiger Wechsel zwischen Verstopfung und Durchfall. Auch bei Wetterfühligkeit, Reiseübelkeit und zuchtbedingter Unausgeglichenheit.

Star of Betlehem (Doldiger Milchstern)
Für Hunde, die eine körperliche oder seelische Erschütterung noch nicht verkraftet haben, bedrückt und traurig wirken (nach Unfall, Umzug, Besitzerwechsel). Das traumatische Erlebnis kann auch weit – bis zur Geburt – zurückliegen, wurde jedoch nicht verarbeitet und beeinflusst daher noch das Verhalten.
Manchmal kommt es zu plötzlicher Unsauberkeit. Der Seelentröster für Heimtiere und Tiere, die sich verlassen und ungeliebt fühlen.

Sweet Chestnut (Edelkastanie)
Die Hunde befinden sich in einem Zustand innerer Ausweglosigkeit und extremer Belastung. Sie machen einen erschöpften, verlorenen Eindruck – häufig als Reaktion auf eine belastende Situation. Kein Interesse an der gewohnten Umgebung, der Hund isoliert sich. Oftmals bei stark einengenden Haltungsumständen oder schweren Krankheiten.

Vervain (Eisenkraut)

Für überaktive, begeisterungsfähige Hunde, die mit ihren Kräften Raubbau betreiben. Sie strahlen eine hohe Energie und ein zielgerichtetes Verhalten aus, der willensstarke Anführer eines Rudels, der aggressiv reagiert, wenn er die anderen nicht motivieren kann. Neigung zur Hyperaktivität und Übertreibung, überfordert sich selbst. Bewährt bei Leistungstieren. Der Stoffwechsel und die Schilddrüse sollten überprüft werden.

Vine (Weinrebe)

Für überehrgeizige, dominante Hunde, welche Artgenossen oder auch Menschen tyrannisieren. Die Körpersprache drückt Überlegenheit und Stolz sowie eine starke innere Spannung aus. Das Tier ist herrschsüchtig gegenüber Artgenossen und Menschen und will im „Rudel" die Stellung des Leittieres übernehmen, es lässt sich schwer erziehen, verweigert den Gehorsam und wirkt oft aufdringlich.

Walnut (Walnuss)

Die Hunde sind verunsichert, desorientiert und durch eine Veränderung in ihrer Umgebung irritiert, reagieren labil auf wechselnde Umstände – oft mit Untugenden oder Krankheiten. Typischer Zustand bei Umzug, Besitzerwechsel, Familienzuwachs, Reisen. Häufig auch nach einer Geburt oder Kastration. Auch empfohlen für Neugeborene und als Sterbehilfe.

Water Violet (Sumpfwasserfeder)
Für zurückhaltend und stolz wirkende Hunde, die sich von anderen Tieren oder auch Menschen isolieren. Typische Einzelgänger, die sich auch bei Krankheit isolieren. Berührungen durch Tier oder Mensch dulden sie nur widerwillig. Häufig auch bei vernachlässigten, einsamen Hunden.

White Chestnut (Roßkastanie od. weiße Kastanie)
Die Hunde wirken unruhig und unausgeglichen und scheinen unter großer Spannung zu stehen. Sie können sich nur schwer auf eine Aufgabe konzentrieren, sind unaufmerksam, dabei angespannt und abwesend, reagieren auf Ermahnung oder Strafe nachtragend. Als Symptom kann auch Zähneknirschen auftreten.

Wild Oat (Waldtrespe)
Für gelangweilte und unzufriedene Hunde, denen es an Ausdauer mangelt. Häufig intelligente, lernfähige Tiere, die schnell das Interesse verlieren. Neue Reize sind interessant, bald folgt Langeweile und Unzufriedenheit. Bei Artgenossen finden sie kaum Anschluß, da sie sich desinteressiert zeigen. Bei Übungen zunächst begeistert, dann rasch unkonzentriert und gleichgültig. Häufig auch Ersatzhandlungen wie Zerstörungswut, Autoaggression. Die möglichen Ursachen müssen herausgefunden werden!

Wild Rose (Heckenrose)
Teilnahmslos und apathisch wirkende Hunde ohne erkennbares Interesse am Leben. Der Hund bewegt sich kaum, blickt leer und stumpf, wirkt energielos und drückt Resignation und Selbstaufgabe aus, keinerlei Motivation ist mehr möglich. Die Ursache liegt häufig in einer Erkrankung oder stark eingeengten Haltungsbedingungen. Mit dieser Blüte kann geprüft werden, ob noch ein Lebenswille besteht.

Willow (Gelbe Weide)
Die Hunde wirken schlecht gelaunt, scheinen ständig zu grollen und knurren vor sich hin. Häufig bei Heimtieren und mißhandelten Hunden, auch als Reaktion auf Vernachlässigung des Tierhalters.

Rescue (Erste-Hilfe-Tropfen)
Bewährtes Kombinationsmittel aus fünf Bachblüten-Konzentrationen, dass seit Jahrzehnten bei Mensch und Tier als Notfallmittel mit großem Erfolg angewendet wird. Bestehend aus: Star of Betlehem, Rock Rose, Impatiens, Cherry Plum und Clematis.

1.5 Besondere Einsätze der Bachblüten

Agrimony	körperliche Überlastung, Entgiftung, Übergewicht, klaffende Wunden
Aspen	Reisekrankheit, Wetterfühligkeit, nach Mißhandlung
Beech	Protestpinkeln, Unsauberkeit, Anpassungsschwierigkeiten, Kontaktschwierigkeiten, übertriebener Schutztrieb, Fellbeißen,
Centaury	bei langer Krankheit, Entwurmung, starke Besitzerfixierung
Cerato	Heimweh
Cherry Plum	Welpe nach zu früher Trennung, nach Schock/Unfall
Chestnut Bud	Anfälle (Epilepsie, Krämpfe), Husten, Geburtsprobleme
Chicory	Entgiftung, Leberprobleme
Clematis	Abwehrsteigerung, Entgiftung, nach Unfall
Crab Apple	Entgiftung, Parasitenbefall, nach Einnahme von Antibiotika / Schmerzmitteln
Elm	Geburtsvorbereitung, vor großen Herausforderungen, bei Versagen
Gentian	Besitzerwechsel, extreme Veränderung, nach belastenden Vorfällen
Gorse	Wundheilung, nach Trennung, Verlust, bei Sterbeprozeß
Heather	Abführmittel, Narbenheilung, Orts-und Besitzerwechsel, extreme Veränderungen, Junge zu früh entwöhnt, Junges verloren, **Tierheimtiere,** Panik
Hornbeam	Überlastung, Erschöpfung, **Folgen nicht artgerechter Haltung,** schwache, alte Tiere
Impatiens	Unruhe, Ungeduld
Larch	Abwehrsteigerung, Lernprobleme, Anpassungsprobleme
Mimulus	nach OP/ Verletzung, Angst vor bestimmten Einflüssen
Mustard	selbstzerstörerisches Verhalten, Wundlecken, Fellbeißen
Oak	Altersbeschwerden, Überforderung
Olive	Regeneration nach Krankheit/Anstrengung/Antibiotika
Pine	nach schlechten Erfahrungen mit Vorbesitzer/Tieren
Red Chestnut	Scheinschwangerschaft, übereifrige Wachhunde
Rock Rose	Unfall, Panik, Sonnenstich, Hitzschlag, Gewitterangst, nach schwerer Geburt
Rock Water	Krämpfe
Scleranthus	Reisekrankheit, Schwindel, Wetterfühligkeit
Star of Betlehem	Verlust vertrauter Person / Tier, Unfall, nach schmerzhaftem Erlebnis

Sweet Chestnut	nach langer Krankheit, Folgen extremer Haltungsbedingungen
Vervain	Geburtsvorbereitung
Vine	schwere chronische Krankheit, **Macht- und Dominanzprobleme**
Walnut	große Veränderung, Schwangerschaft, Geburt, Halterwechsel, Sterbehilfe
Water Violet	Einzelgänger, Isolation
White Chestnut	Unruhe, hohe Anspannung, Zähneknirschen
Wild Oat	Neugeborene, wenn keine andere Therapie wirkt
Wild Rose	chronische Krankheit, hoffnungsloser Zustand – Test auf vorhandenen Lebenswillen
Willow	**Tierheimtiere,** Besitzerwechsel, nach Misshandlungen
RESCUE:	Unfälle, Verletzungen, OP, Beißerei, Geburt, Allergien, Insektenstiche, Schock, Epileptischer Anfall, Sterbehilfe, Hitzschlag, Sonnenstich, Bewusstlosigkeit, Vergiftung

Das traurige Thema: Sterbehilfe

Wenn der Hund im Sterben liegt und man ihm den Übergang erleichtern möchte, sollte man ihm Bachblütengeben. Bachblüten können niemals töten! Sie helfen ihm nur dabei, seine eigene Entscheidung zu treffen – ob er weiterleben oder einschlafen will – und mildern seine Angst.

Wenn der Hund sich zurückzieht, apathisch wirkt, Futter- und Wasseraufnahme verweigert und nicht mehr zu motivieren scheint, erhält er eine Kombination aus Rescue, Hornbeam, Wild Rose und Olive, um den Lebenswillen zu überprüfen. Verändert er sich innerhalb der nächsten 30 Minuten, lässt sich wieder motivieren, reagiert z.B: mit Ohren oder dem Schwanz auf ihren Zuspruch, so ist der Hund seelisch noch nicht entschlossen, von selbst zu gehen. Körperlich ist er jedoch zu schwach und es kann durchaus sinnvoll sein, einen Therapeuten aufzusuchen.

Reagiert der Hund nach der Bachblüten-Gabe jedoch unverändert apathisch, so kann man ihm mit Rescue, Walnut und Rock Water seine Entscheidung erleichtern und ihm dadurch in seiner gewohnten Umgebung ein friedliches Einschlafen ermöglichen. Den Moment, wann er wirklich „gehen“ will, wird er selbst bestimmen. Falls der Tierarzt zum Einschläfern gerufen wurde, erhält der Hund dieselbe Mischung, bevor der Veterinär kommt. Die Beruhigungsspritze wird zwar seinen Körper ruhig stellen, nicht jedoch seine Psyche, bevor die Euthanasiespritze folgt.

Diesen letzten Liebesdienst sollte man seinem Freund zukommen lassen. Derart „getröstete" Tiere strahlen in ihrem letzten Moment einen erstaunlichen Frieden aus.

1.6 Häufig angewendete homöopathische Mittel

- **Bellwut:** Lachesis D 200
- **Angstbeißen ohne vorherige Drohung:** Belladonna D 30, anschließend Calcium carbonicum 200
- **Beißen mit vorheriger Drohung:** Hyoscyamus D 30, später D 200
- **Angst vor Donner und Knallgeräuschen:** Borax D 3 (schon 14 Tage vor Sylvester beginnen), Requiesan-Tropfen
- **Angst vor dem Alleinebleiben:** Arsenicum album D 30, Phosphorus D 30, Pulsatilla D30
- **Furcht vor Männern:** Lycopodium D 30
- **Furcht vor allem Neuen:** Argentum nitricum D 12
- **Schreckhaftigkeit: Kalium phosphoricum D 12**
- **Eifersucht:** Hyoscyamus D 200
- **Sexuelle Rivalität:** Platinum D 200
- **Heimweh, Trennungsschmerz:** Ignatia D 30
- **Fahrkrankheit, Reiseübelkeit:** Nux Vomica D 30, Cocculus D 6, Petroleum D 200

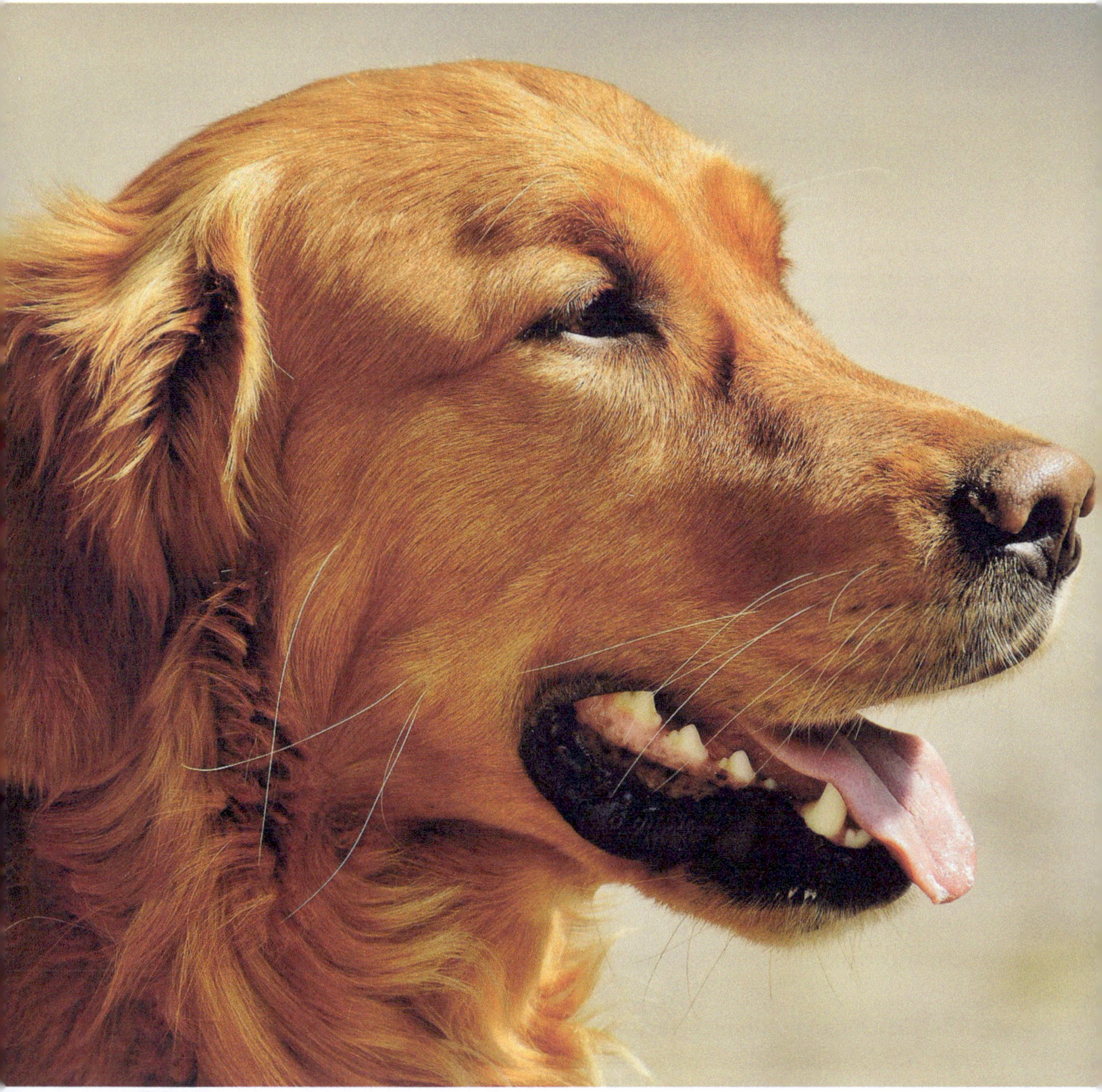

2. SPRACHE UND SINNE

2.1 Die Körpersprache des Hundes

Auch wenn Hunde eine andere „Sprache“ sprechen als wir Menschen, so sind wir doch in der Lage, ihr Verhalten ebenso wie ihre Stimmungen zu deuten und hieraus Rückschlüsse auf ihren aktuellen Gemütszustand zu schließen. Sich „groß“ zu machen oder klein und möglichst unsichtbar zu werden – zwischen diesen Extremen liegen die Formen der Körpersprache des Hundes. Die sichtbaren Formen des Audruckes können sich überlagern oder ineinander übergehen. Wer Dominanz zeigen und andere beeindrucken will, muss Stärke, Größe und Selbstbewusstsein demonstrieren. Hierzu gehört der hoch aufgerichtete Oberkörper, der stelzende Gang sowie das aufgestellte Fell im Nacken- und Schulterbereich, ebenso wie der hoch erhobene Schwanz und die etwas abgewendete Kopfhaltung. Trifft der Hund auf einen Stärkeren, macht er sich möglichst klein, senkt den Schwanz. Der seitlich weggedrehte Körper sowie der abgewendete Blick übermitteln die Unterwerfung. Im Kampf kapituliert der Hund durch die Demutshaltung. Auf der Seite oder dem Rücken liegend bietet er seinem Gegner die verletzliche Hals- und Bauchpartie.

Wedeln ist ein Ausdruck der Freude und Erwartung, kann jedoch auch Konzentration ausdrücken. Der aufgerichtete Schwanz zeigt Stärke und Selbstbewusstsein, wobei das Wedeln eine freundliche Stimmung, die steife Haltung der Rute Drohung und Abwehr andeuten. Je tiefer der Schwanz gesenkt wird, desto ängstlicher ist der Hund. Kneift er den Schwanz zwischen den Hinterbeinen ein, so ist sein Selbstbewusstsein gleich Null.

Auch durch die Mimik drückt der Hund seine Gefühle aus: Drohungen erfolgen durch einen starren Blick, Stirnrunzeln und Hochziehen der Lefzen ausgedrückt. Das „Spielgesicht“ ist erkennbar durch ein Zurückziehen der Lefzen und entblößte Zähne und gleicht einem „Lachen“. Bei Unterwürfigkeit werden die Mundwinkel weit nach hinten gezogen. Ist der Hund gereizt oder wütend, so runzelt er die Nasenpartie und zeigt seine Anspannung durch einen starren und stechenden Blick.

Sind die Ohren nach hinten gerichtet, zeigt er sich unterwürfig oder auch kampfbereit. Aufgestellte nach vorne gerichtete Ohren deuten auf Aufmerksamkeit, Selbstbewusstsein und manchmal auch Drohgebärden hin. Durch die diversen Ohrformen der einzelnen Hunderassen gibt es hierbei allerdings viele Übergänge. Bei Hängeohren z.B. kann man die Stimmung nur an Muskelbewegungen am Ohransatz erkennen.

Zu weiteren Verständigungsmöglichkeiten gehören das Lecken (freundliche Unterwerfung), der Schnauzenstoß (Spiel- oder Schmuseaufforderung), Pfotenheben (Kontaktsuche bzw. Versöhnungsangebot), Starren (Interessenbekundung an einer bestimmten Sache)

Und welche Sprache des Menschen versteht der Hund?

Der Hund deutet die Körpersprache der Menschen, deren Gestik, Mimik und Haltung und achtet auf den Tonfall, die Lautstärke und die Stimmlage. Auch Geruchsveränderungen seines Menschen (z.B. einen Adrenalin-Ausstoß bei Aufregungen oder Ängsten) registriert er. Damit es im gemeinsamen Zusammenleben nicht zu Missverständnissen kommt, muss daher der gesprochene Befehl mit der Körpersprache des Menschen übereinstimmen. Ein typisches Missverständnis liegt zum Beispiel vor, wenn der Hund einen Besucher verbellt und sein Besitzer ihn beruhigend streichelt. Der Hund versteht dies als Bestätigung und Lob und wird künftig immer wieder in gleicher Form handeln.

2.2 Die außergewöhnlichen Sinne der Hunde

Um seinen Hund verstehen zu können und eventuell auftretenden Problemen auf die Spur zu kommen, muss man sich mit den außergewöhnlichen Sinnen dieses Tieres vertraut machen. Seine Wahrnehmungen sind nicht mit denen des Menschen vergleichbar. Er sieht die Welt überwiegend mit der Nase – so intensiv und dreidimensional, dass unsere Nase hierbei nicht mithalten kann. Klar: Rosen riechen oder ein leckeres Essen erschnüffeln können wir Menschen auch. Aber riechen, ob jemand traurig, ängstlich oder wütend ist, das kann nur ein Hund. Aber auch seine anderen Sinne sind uns Menschen in vielerlei Hinsicht weit voraus.

Ohren

Mit den vielen Muskeln (17 an der Zahl) im Ohr ortet der Hund Geräusche auf den Punkt genau, auch wenn er neben einer Blaskapelle sitzen würde (was man ihm natürlich niemals zumuten sollte). Seinem Gehörsinn entgeht absolut nichts. Selbst Schwingungen im Ultraschallbereich (z.B. den Ton einer für den Menschen lautlosen Hundepfeife) kann er noch hören. Lange bevor sich jemand dem Haus nähert, spitzt er die Ohren. Hunde mit Stehohren können diese schwenken und damit sogar wie ein Radar orten.

Ein Hund kann quasi seine Ohren so einstellen, dass er nur das hört, was er hören will. Bei sehr lauten Geräuschen kann er seinen Hörsinn stark einschränken. Sehr schrille Geräusche dagegen, z.B. Kinderschreie können ihm durchaus „Kopfschmerzen“ bereiten.

Nase

Menschen erhalten ihre Informationen aus der Zeitung. Der Hund hält seine Nase in die Duftmarken seiner Kollegen und weiß dann genau, was los ist. Er wittert unseren Körpergeruch und weiß genau, mit wem er es zu tun hat. Die feine Hundenase reagiert empfindlich auf Wärme. Daher kann er sogar Menschen erschnüffeln, die sieben Meter unter Trümmern oder Lawinen verschüttet sind. Aufgrund des außergewöhnlich guten Geruchssinnes dient er als Jagdgehilfe, kann Rauschgift aufspüren, verlorengegangene Kinder suchen und Verbrecher verfolgen. Diensthunde sind unersetzliche Helfer der Polizei.

Auch mehrere Tage alte Gerüche sind für den Hund noch zu wittern. Die menschliche Nase hat ca. 5 Millionen Aufnahmezellen, die eines Dackels ca. 125 Millionen und ein Schäferhund verfügt sogar über bis zu 220 Millionen „Riechzellen“. Jeder Hundehalter sollte seinem Hund die Möglichkeit geben, täglich auf Hundeart „Zeitung zu lesen“. Ein Hund, der sich nur in Haus und Garten aufhalten darf oder aber beim Spaziergang nur streng bei Fuß gehen muss, ist ein bedauernswertes Geschöpf.

Augen

Hundeaugen schneiden schlechter ab als unsere Menschenaugen. Hunde sehen nach neuesten Erkenntnissen nur sehr schwache Farben, das meiste erscheint ihnen in Schwarz, Weiß und Grautönen. Dank der Anordnung der Augen hat der Hund zwar einen größeren Blickwinkel, doch kann er nicht so plastisch sehen wie wir Menschen. Auch Entfernungen kann er nicht so genau einschätzen. Bei schlechten Lichtverhältnissen jedoch können seine Augen die vorhandene Restlichtsstärke optimaler ausnutzen als der Mensch. Der Hund sieht Menschen, Gegenstände oder Tiere nur gut, wenn diese sich bewegen. Stehen sie still, wird es im Hundeauge unscharf.

Ein blinder Hund ist daher bei weitem nicht so behindert wie ein blinder Mensch. Obwohl ihm im Straßenverkehr oder fremdem Terrain Spaziergänge aus Sicherheitsgründen nur an der Leine möglich sind, ist er durchaus ein der Lage sein Dasein richtig zu genießen und sich mit Hilfe seiner übrigen weit ausgeprägteren Sinne zu orientieren.

Tastsinn
Menschen tasten mit den Händen, Hunde besitzen Tasthaare an den Pfoten, den Lefzen und den Augenbrauen sowie an den Ohren und den Beinen. Hierdurch finden sie auch in absoluter Dunkelheit nach Hause und können sich in Haus und Garten sicher bewegen. Der gesamte Hundekörper ist mit tastempfindlichen Nervenenden überzogen. Die Zunge und Nase helfen ebenfalls beim Tasten. Hiermit merkt er sehr schnell, was heiß, kalt, weich oder hart ist.

Zunge
Die Zunge ist das Thermostat des Hundes. Hierüber gibt er Flüssigkeit ab und regelt so seine Körpertemperatur. Durch das hechelnde Atmen wird verdunstetes Wasser abgegeben. Die Zunge ersetzt also die so gut wie nicht vorhandenen Schweißdrüsen. Da die Vorfahren des Hundes Fleischfresser waren und ihre erjagte Beute möglichst schnell hinunterschlingen mussten, ist sein Geschmackssinn weniger gut ausgeprägt. Die Vorliebe des Hundes für bestimmte Futtersorten wird vom Geruchssinn beeinflußt. Der Hund kann jedoch süß, sauer, bitter und salzig wahrnehmen. Er empfindet Geschmackseindrücke jedoch vermutlich nur als angenehm, neutral oder unangenehm.

2.3 Die Sprache des Hundes

Die Hundesprache ist international. Der Hund spricht zu anderen Hunden aber auch zu uns Menschen – nur leider verstehen wir diese Sprache oft nicht richtig oder deuten seine Zeichen falsch.

Bellen kann Ausdruck der Freude, Spielaufforderung, Warnung, Ausdruck von Angst, Aufregung oder Unwohlsein bedeuten.

Heulen ist ein eindeutiges Zeichen dafür, dass der Hund sein Rudel vermisst und unter Trennungsangst leidet.

Winseln bedeutet Schmerzen oder die Demonstration seiner Unterlegenheit. Es kann jedoch ebenfalls eine Spielaufforderung sein.
Knurren entschlüpft dem Hund schon mal beim Herumtoben. Ein ernsthaftes dumpfes Knurren bedeutet eine eindeutige Drohung und sollte immer ernst genommen werden!

Schreit und kreischt der Hund so hat er Schmerzen. Vor allem Welpen sparen nicht mit solch herzzerreißenden Tönen.

Die Sprache der Gerüche umfasst das Markieren und Schnüffeln.

Kreuz und quer durch sein Revier markiert der Hund und hinterlässt seine „Visitenkarte“. Dazu dienen Hauswände, Bäume, Ecken und alles, was sich vom Erdboden abhebt. So weiß jeder andere vorbeikommende Hund sofort Bescheid, in wessen Revier er sich befindet. Entweder trollt er sich dann, meist jedoch wird aus Protest darüber markiert.

Durch das Schnüffeln erkennt der Hund Duftmarken und Hinterlassenschaften der Revierkonkurrenz, paarungsbereite Hündinnen, allerlei Freßbares und menschliche Gerüche – alles wird ausgiebig beschnuppert.

Durch die außergewöhnlich hochentwickelten Sinne des Hundes ist er zu Leistungen befähigt, welche uns Menschen immer wieder erstaunen:

- Der Hund bemerkt unsere Absicht, fortzugehen
- Er schläft fest bei voll aufgedrehtem Fernseher, wird aber sofort wach, wenn wir z.B. mit Wurstpapier rascheln.
- Schlittenhunde können in der Nacht die Route beibehalten, während Skiläufer mit Kompass dies nicht schaffen
- Der Hund kann das Geräusch des Familienautos von anderen Motoren unterscheiden und weiß schon viel früher als der Mensch, wenn der Postbote im Anmarsch ist.

2.4 Wie lernt ein Hund?

Um zu überleben, muss jedes Lebewesen dazulernen. Die meisten Hunde lernen gerne und schnell oft ohne, dass uns Menschen der Lernprozess bewusst ist. Viele Ursachen von Verhaltensstörungen beruhen auf solchen unbewussten „Lernerfolgen“. Um ein Verhalten zu ändern, muss die Ursache für dieses Verhalten erkannt und umgekehrt werden.

Konditionierung

Die Konditionierung wurde bekannt durch den russischen Physiologen Pawlow, der 1904 für seine Forschungen den medizinischen Nobelpreis erhielt. Er belegte durch seine Arbeiten, dass ein Hund ausschließlich durch Erfahrungen lernt. Pawlow ließ jedesmal genau in dem Moment der Fütterung einen Klingelton ertönen. Nach einiger Zeit reichte alleine der Klingellaut aus, um bei den Hunden Speichelabsonderung zu erzeugen. Alleine durch diesen Signalreiz wurden die Hunde in eine Futtererwartung versetzt. Diesen Vorgang nennt man **klassische Konditionierung oder bedingte Reaktion.**

Ein Hund nimmt viele, vom Menschen unbemerkte Reize auf und manchmal stellt sich hierdurch auch eine unerwünschte bedingte Reaktion ein. Ein bisher verkehrssicherer Hund kann sich z.B. nach nur einem einzigen negativen Erlebnis in Form einer Fehlzündung eines LKW zu einem Angstbündel auf dem Fußgängerweg entwickeln und lange Zeit schreckhaft auf Knallgeräusche aller Art reagieren.

Im Gegensatz zur klassischen Konditionierung, wobei der Hund eher unfreiwillig lernt, steht die **operante oder instrumentelle Konditionierung:** Hierbei findet man eine sog. Bedingte Aktion. Während bei der klassischen Konditionierung eine schon vorhandene Reaktion mit einem neuen Reiz (Signalreiz) verbunden wird, wird bei der operanten Konditionierung eine neue Geste mit der Verminderung eines Bedarfes (z.B. nach Spiel oder Fressen) verbunden. Die meisten Abrichtemethoden funktionieren nach diesem System und werden als **Lernen am Erfolg** bezeichnet. Tut der Hund, was von ihm verlangt wird, so erhält er einen Leckerbissen oder wird durch ein kurzes Spiel belohnt. Diese Lernmethode ist eine der einfachsten, wenn man einige grundsätzliche Regeln beachtet:

- Die Belohnung muss unmittelbar nach der erwünschten Reaktion erfolgen
- Die Belohnung muss für den Hund reizvoll sein
- Die Belohnung muss (anfangs) zuverlässig erfolgen

Hunde lernen durch Erfahrung. Sie werden alles, womit sie eine positive Erfahrung verknüpfen, gerne wieder tun und alles, was mit negativen Erfahrungen verbunden ist, unterlassen. Ein erwünschtes Verhalten muss also verstärkt, belohnt werden, unerwünschtes Verhalten wird ignoriert bzw. je nach Situation getadelt. Wichtig ist, dass die Reaktion möglichst sofort, am besten noch während des Verhaltens erfolgt. Bei einer späteren Belohnung oder Strafe kann der Hund den Zusammenhang zwischen Aktion und Reaktion des Halters nicht mehr herstellen. Die Belohnung kann durch Lob, Streicheln, Leckerbissen oder Spiel erfolgen – wichtig ist nur, dass der Hund dieses mit dem erwünschten Tun verknüpft. Durch die „positive Konditionierung“ lernt ein Hund am schnellsten. Man sollte also Situationen so gestalten, dass der Hund von sich aus etwas Erwünschtes tut und hierfür dann überschwänglich gelobt wird.

Bei den Übungen sollten andere Reize vermieden werden. Besonders wichtig sind stets gleiche Kommandos und Zeichen. Leise, aber konsequente Befehle mit höherer Stimme erreichen erhöhte Aufmerksamkeit. Der Hund darf nicht durch komplizierte oder lange andauernde Übungen überfordert werden. Übungen sollten zu Zeiten durchgeführt werden, an denen der Hund aktiv und hungrig ist. Ausgeführte Befehle (z.B. Sitz, Platz...) müssen von dem Halter wieder aufgehoben werden – z.B. durch das Kommando: Lauf!

3. GRUNDLAGEN DER HUNDEERZIEHUNG

3.1 Warum wird ein Hund zum Problemhund?

Selten sind es große Fehler, sondern kleine Missverständnisse, die lange akzeptiert und entschuldigt werden – irgendwann aber ein Problem darstellen. Die Ursachen zu erkennen bedeutet schon den halben Sieg in der Bekämpfung.

Was wird von dem Familienhund erwartet?
Er soll der perfekte Begleiter, Spielgefährte und Freund der Kinder, Sportkamerad, Seelentröster, Beschützer und Wächter sein. All dies heißt, dass der Hund heutzutage mit und in der Familie lebt. Die Zeit der weitverbreiteten Zwingerhaltung scheint sich daher endlich dem Ende zuzuneigen.

Zur Vermeidung von Problemen müssen die Grundbedürfnisse des Hundes erfüllt werden:

- Bedürfnis nach sozialer Nähe (möglichst überall dabei zu sein)
- Fester Platz im „Familienrudel"
- Geregelte, ausgewogene Ernährung
- Ausreichend Bewegung (1 – 2 Std., je nach Rasse)
- Beschäftigung (Sportpartner, Spiele)
- Regelmässige Kontakte mit Artgenossen
- Tägliche Pflege und Schmusestunden
- Ungestörter Ruheplatz

Die häufigsten Erziehungsfehler:

1. Verspäteter Erziehungsbeginn:
Dem Welpen wurde zu lange alles verziehen. Er ist offen für alles, verarbeitet viele Eindrücke seiner Umwelt und lernt, sich anzupassen. Zuerst im Wurf bei Mutter und Geschwistern sowie im Umgang mit dem Züchter, später in der Familie. Hier werden die „sozialen Weichen" gestellt und der Wille zur Partnerschaft gebildet - Sofern bei dem Hund keine genetischen Verhaltensdefekte vorliegen. Junghunde bis zur 20. Woche lernen am leichtesten (Prägungsphase). Versäumnissse in dieser Zeit führen zu einem trotzigen, verwöhnten „Halbstarken" und sind später wesentlich schwerer auszugleichen. Die Grunderziehung sollte bereits wenige Tage nach Aufnahme im Haus erfolgen. Das Wichtigste hierbei ist Lob, Lob und nochmals Lob. Es darf niemals gestraft werden, sondern das Geübte wird wiederholt – mit spielerischem Spaß lernt es sich leichter.

2. **Nachgiebigkeit**:
Auch der süßeste Welpe muss rechtzeitig seine Grenzen kennenlernen.

3. **Lernen braucht Zeit:**
Überforderung schadet! Nachhaltige Erfolge sind nur mit viel Geduld zu erreichen. Geübt wird, wenn der Welpe/Junghund aktiv und ausgeruht ist. Bei beginnender Ermüdung wird die Übungsstunde mit einer einfachen Lektion beendet, welche schon „sitzt“.

4. **Zu viele Lehrer:**
Nur ein Familienmitglied übernimmt die Grunderziehung. Erst später können auch der Partner/die Kinder die Kommandos übernehmen.

5. **Übermäßiges Beschützen**:
Aus verhätschelten Welpen, welche aus Angst von dem Besitzer ständig auf den Arm genommen werden, werden häufig später unangenehme Raufbolde. Ihnen fehlt der arteigene Sozialkontakt, die Lücken im Verständigungsrepertoire führen zur Selbstüberschätzung.

Das Fehlverhalten des Hundes ist stets der Ausdruck eines gestörten Mensch-Tier-Verhältnisses
Die Ansprüche des Hundes müssen – besonders von Kindern – respektiert werden (Schlaf- und Futterzeiten). Bei dominanten Tieren muss vor „Gleichberechtigung“ gewarnt werden! Die Rangposition darf niemals angezweifelt werden. Der Mensch ist und bleibt der Boss.

Nicht schreien!! Leise, sogar geflüsterte Kommandos werden vom Hund besser befolgt als laute Rufe. Hunde, die angebrüllt werden, bekommen Angst, reißen aus oder wenden sich sogar gegen ihren Besitzer. Ein ruhiger, bestimmter Ton ist effektiver!

Keine Schläge! Diese untergraben das Vertrauensverhältnis. Vertrauen aber ist die Basis jeden Gehorsames.

Nicht zu lange allein lassen!
Bei Vereinsamung treten häufig Ersatzhandlungen wie Unsauberkeit, Zerstörungswut ect. auf. Auch viele Krankheiten haben hierin ihren Ursprung.

Keine Langeweile aufkommen lassen! Hunde brauchen Aufgaben und Beschäftigung: Hol- und Bringspiele, Suchspiele, Ballspiele, Sport z.B. als Begleiter beim Radfahren oder Joggen.

Probleme und ihre Ursachen
Erziehungsfehler, ererbte Beschützer- oder Jagdleidenschaft, Langeweile

Die möglichen Ursachen plötzlicher Probleme
Veränderungen im Rudel (Familie), Trennung, neuer Partner, Geburt eines Babys, neues Tier im Haus. Neue Lebensbedingungen wie Umzug, geänderter Tagesablauf, Futterwechsel, häufigeres Alleinesein, neue Hunde oder läufige Hündin in der Umgebung, Störung der Ruhe- und Schlafzeiten.

Ursachen für sich einschleichende Probleme
Beschäftigungs-/ Bewegungsmangel, übermäßiges Verhätscheln, fehlende Sozialkontakte zu anderen Hunden, Bevorzugung, traumatische Erlebnisse z.B. beim Autofahren, fehlende Unterordnung, Vernachlässigung.

Hat man erst die Ursache erkannt, lässt sich das unerwünschte Verhalten relativ leicht abstellen bzw. so beeinflussen, dass es nicht mehr belastet. In schwierigen Fällen oder falls man alleine keine Besserung erzielt, sollte ein erfahrener Tierpsychologe zu Rate gezogen werden.

Das Wichtigste in Kürze:

- Die Grundbedürfnisse des Hundes müssen erfüllt werden
- Je früher die Erziehung beginnt, desto besser!
- Keine Schläge, keine Schreie, sondern viel Geduld und Lob!!
- Wurde die Ursache des plötzlichen oder sich einschleichenden Problems erkannt, hat man schon halb gewonnen.
- Fachmännische Hilfe (Erziehungstipps, Verhaltens- und Bachblütentherapie) durch einen Tierpsychologen

3.2 Die 7 Tricks der Hundetrainer

Die richtige Hunde-Erziehung ist keine Hexerei sondern basiert auf bewährten Rezepten:

Der Zufallstrick
Man sollte seinen Hund beim Gassigehen, beim Spielen und wenn er sich frei in Haus und Garten bewegt beobachten. Jedesmal, wenn er hierbei zufällig etwas tut,

was er schon immer lernen sollte, ruft man ihm ein „Befehls“-Wort zu und lobt ihn sofort überschwenglich. Als Beispiel das Apportieren: Er spielt mit dem Ball und kommt damit auf seinen Besitzer zugelaufen. Wenn dieser jetzt „Bring`s“ - „Braaav!“ ruft und sich dabei übertrieben freut, versteht der Hund. Oftmals sitzen solche Zufallsdressuren schneller und besser als mühselig antrainierte Übungen.

Der Gesten – Trick

Ein akustisches Kommando sollte stets mit einer bestimmten gleichbleibenden Körperhaltung bzw. Bewegung und Mimik gekoppelt werden. So lernt der Hund z.B. „Hier!“ ist gekoppelt mit einem nach unten zeigenden Zeigefinger und nach vorne gebeugtem Oberkörper. Der Vorteil dieser verbunden Kommandos zeigt sich z.B., wenn der Hund seinen Herrn einmal nicht hört (Entfernung, laute Umgebungsgeräusche) oder aufgrund eines Hörproblems, welches häufig im Alter auftritt. Spätestens dann ist man dankbar für die frühzeitige Einübung der Sichtzeichen.

Der Trick des Verstärkens

Jedes Erfolgserlebnis fördert den Lernwillen des Tieres. Es gibt sicher eine Übung, welche der Hund immer und überall macht (z.B. Sitz oder Pfötchen). Hierauf sollte man bauen, wenn gar nichts mehr klappt. Der Hund wird jedesmal jubelnd gelobt, als hätte er etwas ganz einmaliges und großartiges vollbracht. Auch ein Leckerli ist durchaus angebracht. Er wird sich dann besser auf die nächste Lektion konzentrieren und bald mehrere Kommandos zuverlässig beherrschen, auf die man zurückgreifen kann, wenn er mal wieder keine Lust auf neue Lektionen hat.

Der Konsequenz – Trick

Jedes Nachgeben seines Herrchens oder Frauchens nutzt der Hund sofort hemmungslos aus. Daher wird niemals eine Lektion beendet bevor er sie zur Zufriedenheit ausgeführt hat. Notfalls greift man zu einer Ersatzübung – Hauptsache sie endet mit einem Erfolg! Auch sanfte Gewalt darf und muss in solchen Fällen angewandt werden: Wenn der Hund sich z.B. hartnäckig weigert, ins Auto zu springen, hebt man ihn hinein. Geht er nicht bei Fuß, zwingt man ihn sanft durch die Leine dazu. Wichtig ist, dass der Hund versteht, dass seine Verweigerung ihm nicht weiterhilft. Er muss verstehen, was von ihm verlangt wird und erkennen, dass seine Weigerung chancenlos ist. Setzt er auch nur ein einziges Mal seinen Willen durch, so wird er es jedesmal wieder versuchen. Ist der Besitzer jedoch der Hartnäckigere, probiert er es nur dies eine Mal und dann vermutlich nie wieder.

Der Tadel-Los-Trick

Der Hund wird niemals für etwas geschimpft oder bestraft was er **nicht getan hat** – das kann er nicht verstehen. Kommt er beispielsweise auf den Ruf hin **nicht,** ist Schimpfen völlig nutzlos, sogar gefährlich, weil er den Tadel mit dem verbindet, was er gerade tat z.B. Spielen, Schnuppern... Ein ernergisches Nein ist nur dann angebracht, wenn der Hund etwas aktiv falsch gemacht hat. Unterlassungen müssen unbedingt tadel-los enden, also ignoriert werden.

Der Trick des verdienten Lobes

Gelobt wird ebenfalls nur dann, wenn eine **Tat** voranging, keinesfalls aber wenn der Hund etwas nicht tut. Läuft er z.B. auf dem Gehweg brav bei Fuß und lässt sich von einem Hund auf der anderen Straßenseite nicht beeinflussen, wird ihn ein Lob höchstens irritieren weil er den Grund hierfür nicht kennt. Nur, wenn er tut, was ihm kommandiert wurde, gibt es ein dickes Lob und Belohnung. Gelobt wird die „gute" Tat, nicht das passive „Nichts-Böses-Tun".

Der Trick der kleinen Schritte

Einen Hund durch ständiges Training zu überfordern macht ihn dauerhaft lernunfähig. Lektionen sollten keinesfalls länger als 15 Minuten dauern. Daher übt man lieber öfter aber in kurzen Sequenzen und verlangt sie nicht mehr ihm als er körperlich und mental zu leisten imstande ist. Der Frust beider Seiten verdirbt sonst beiden den Spaß am gemeinsamen Training. Bevor man eine neue Lektion beginnt, zeigt man dem Vierbeiner, wie toll er ist, indem man ihn einfache Übungen wie „Sitz" absolvieren lässt und sich riesig darüber freut wenn er diese korrekt zeigt.

Diesbezüglich ist der Hund dem Menschen diesbezüglich sehr ähnlich: Wenn er gerne und mit Freude lernt, lernt er schneller!

3.3 Wichtige Eigenschaften eines Hundeerziehers

Bei jedem Erziehungstraining sollte die Stimmung freundlich sein. Neben der unbedingt nötigen Autorität muss ein Hundeerzieher daher folgende Eigenschaften haben:

- **Geduld im Übermaß:** Egal wie ablenkbar oder schwer von Begriff sich der Hund auch zeigen mag, man darf niemals die Nerven verlieren. Auch wenn der Hund unwillig scheint, muss der Erzieher die Freude an jeder Übung behalten und diese auch zeigen.
- **Konsequenz:**_Jede Übung wird solange wiederholt, bis sie tatsächlich sitzt. Niemals darf der Hund eine Übung abbrechen, nur der Trainer darf diese be-

enden. Die Übung muss immer wieder wiederholt werden, später als fester Bestandteil der „Aufwärmübungen“ einer Trainingseinheit.

- **Freundlichkeit:** In der sanften Hundeerziehung arbeitet man weder mit Drohungen noch mit Einschüchterungen. Die Stimmung während des Übens sollte harmonisch und freundlich sein – jedoch sollte man dem Hund keinesfalls alles durchgehen lassen. Eine angemessene freundliche Strenge ist die richtige Mischung.
- **Entspanntheit:** Unter Termindruck oder Stress kann man nicht entspannt mit dem Hund trainieren. Je entkrampfter und ruhiger das Training abläuft, um so leichter gelingen die Übungen. Durch eine vorhandene Spannung würde der Hund unruhig und verunsichert.
- **Korrekte Selbsteinschätzung:** Dies beginnt bereits bei der Rassenauswahl. Ein Hunde-„Anfänger“ sollte sich als ersten Hund z.B. nicht unbedingt einen Hütehund oder einen Kampfhund aussuchen. Auch ein eventuell bereits durch falsche Erziehung oder Aggressionsverhalten vorbelastetes Tier ist sicherlich nicht die richtige Wahl. Hund und Herr sollten zueinander passen, ein ähnlich lebhaftes oder ruhiges Temperament aufweisen. Aber auch nach dem Motto: Gegensätze ziehen sich an findet z.B. ein Choleriker in einem ausgeglichenen Hund den richtigen Partner – ebenso wie ein Phlegmatiker in einem lebhaften Hund den idealen Begleiter finden kann. Manche Hunderassen bedürfen wirklich eines erfahrenen Hundehalters um sich ideal zu integrieren und sich nicht zu einem Problemhund zu entwickeln. Niemand sollte sich selbst überschätzen und ggf. rechtzeitig Hilfe suchen (Hundeverein, Tierpsychologe).
- **Stimmbeherrschung:** Befehl, Lob und Tadel müssen in einem dem Hund verständlichen Tonfall ausgeprochen werden. Hieran erkennt der Hund die Entschlossenheit, Zufrieden- oder Unzufriedenheit seines Herrchens. Brüllen ist absolut unnötig, da Hunde sehr gut hören. Lediglich der Tonfall ist ausschlaggebend. Für bestimmte Kommandos sollten immer die gleichen Worte verwendet werden und in gleicher Tonart mit entsprechender Mimik oder Gestik unterlegt werden. Die Worte lösen im Hundehirn den Ablauf von Handlungen aus, was wir gehorchen nennen. Vor allem: Bei den Übungen nicht zuviel reden! Wer mit seinem Hund während des Spazierganges ständig spricht, braucht sich nicht zu wundern, wenn der Hund „abstumpft“ und ein echtes Kommando überhört. Woher soll er auch wissen, dass er nun plötzlich direkt gemeint ist?
- **Kontrolle der Bewegungen:** Der Hundetrainer sollte seinen Körper, seine Arme und Beine in der Gewalt haben. Herumzappeln und unkontrollierte Bewegungen verwirren den Hund. Hund verstehen meisterlich unsere Körpersprache und können auf feinste Bewegungen reagieren. Stimmen nun jedoch Körpersprache und Befehl nicht überein, wird der Hund unsicher. Zu jedem

Befehl sollte man sich eine passende Handbewegung angewöhnen, z.B. bei „Komm“ ein Heranwinken der Hand, bei „Sitz“ ein Senken der flachen Hand, bei „Bleib“ ein aufrechtes Zeigen der Handfläche usw.

3.4 Nein oder Pfui? – Verbote ja, aber richtig!

Ein kleiner Unterschied und seine große Wirkung:
Einige typische Fallbeispiele zeigen: Nur dann, wenn eine Aktion immer und überall unerwünscht / verboten ist, hilft ein Verbotswort dem Hund, zu verstehen, was er niemals tun darf:

Der Hund trottet während eines Spazierganges gemütlich neben seinem Besitzer her. Der Duft grasender Kühe lässt ihn ruckartig den Kopf heben und schon stürmt er unter wildem Gebell los – in Richtung Herde. Bis ein donnerndes „Pfui“ erschallt, Unangenehme Erinnerungen wirbeln durch das Gehirn des Hundes. „Pfui!“, das weiß er, zieht empfindliche Maßnahmen nach sich. Besser ist es, er lässt, was er gerade tut. Und tatsächlich wird er für seine Rückkehr von seinem Herrchen freundlich gelobt und durch Streicheln, Leckerli oder eine kurze Spielrunde belohnt.

Das Grillfest bei den Nachbarn ist in vollem Gange. Der Hund tobt durch den verwilderten Garten und die Besitzer freuen sich, dass sich alle über ihren netten Hund amüsieren – als dieser sich plötzlich und völlig ohne schlechtes Gewissen vor die Hecke neben der Gartengarnitur begibt, den Rücken krümmt und einen prächtigen Haufen ablegt. „Pfui!“ schreit der Besitzer peinlich berührt mit hochrotem Kopf und erntet einen verständnislosen Blick aus bekümmerten Hunde-Augen. Denn diesmal hat es nicht gefunkt im Hundehirn. Schließlich hat er nur getan, was er musste, da wo er normalerweise darf, unter einem Busch...

Der Tag danach: Gehorsamstraining während des Spazierganges: Der Hund soll nun endlich lernen, sitzen zu bleiben, wenn sich der Besitzer von ihm entfernt. Lehrbuchmäßig lassen Sie ihn „Sitz“ machen und gehen langsam weg, ein knappes energisches „Bleib“ folgt als Kommando und was tut der Hund? Er spurtet eifrig los und weicht nicht mehr von ihrer Seite.
„Pfui!“

Jetzt zerbricht die heile Welt endgültig. „Pfui?“ Obwohl er Fuß gegangen ist? Da bleibt dem Hund nur eine einzige Schlussfolgerung: „Pfui“ gilt überhaupt nicht ihm, es hat nichts zu bedeuten, verunsichert ihn. Besser, er hört weg, wenn dieses Wort ertönt.

Und so entwickelt sich aus dem Hund ein sturer Dickschädel, der mal gehorcht und ein anderes Mal nicht – gerade wie es ihm in den Sinn kommt. Und warum?

Weil dreimal dasselbe Verbots - Wort für im Hundeverständnis völlig verschiedene Wünsche ausgesprochen wurde. Er kann dieses „Pfui!" nicht eindeutig zuordnen, es irritiert und verwirrt ihn – also ignoriert er es einfach.

35 bis maximal 40 Worte im Durchschnitt lernt ein Hund akustisch und ordnet sie einer Bedeutung zu (bei intensivem Training und großer Lernbereitschaft des Tieres ist auch eine größere Anzahl möglich). Bei allen anderen Kommandos orientiert er sich weniger am Wort selbst, sondern stärker am Tonfall (tadelnd, zufrieden, jubelnd), an der Mimik oder Gestik seines Besitzers.

Zu den „echten" unmißverständlichen Worten gehört der Name, meist auch einige Grundlektionen wie „Sitz", „Platz", „Hier" oder „Komm". Und es sollte auch ein Wort für absolute Verbote dabei sein. Ob man sich hierbei für „Nein", „Nicht" oder „Pfui" entscheidet, spielt kaum eine Rolle. Wichtig ist, dass der Hund sofort erkennt, was er **Niemals** tun darf. Deshalb muss das „Pfui" immer dann eingesetzt werden, wenn er etwas immer und überall verbotenes beginnt (z.B. Betteln, Jagen, Beißen...) – und nur dann!!

Was er einmal darf und ein anderes Mal unterlassen soll (z.B. „Eindringlinge" verbellen), lehren Sie ihn mit einem anderen Wort!
Gilt also „Pfui" für Niemals, kann z.B. „Nein" eine „Nicht jetzt, nicht hier" Bedeutung erhalten.

Bei falsch ausgeführten Kommandos (z.B. „Sitz" statt „Fuß") verwendet man ein anderes Wort – z.B. „Nicht" oder – besser noch – gar keines, sondern man wiederholt seinen Wunsch und hilft dem Hund durch Gesten und Mimik, sie zu verstehen. Es kostet viel Mühe und Geduld, sich als Mensch mit dem uns eigenen riesigen Wortschatz und ungeheuer komplizierter Redeweise auf nur wenige – dafür aber klare und unmißverständliche – Worte zu beschränken. Im Umgang mit dem Hund ist dies jedoch unumgänglich – denn nur dann kann man seinem Hund auch abverlangen, dass er die Grundbegriffe der Menschensprache versteht...

3.5 Haben Hunde ein schlechtes Gewissen?

Wenn ein vierbeiniges Häufchen Elend bei Frauchens oder Herrchens Heimkehr hinter der Tür sitzt, nur schwach mit dem Schwänzchen scheinbar um Verzeihung wedelt, sich schier vor schlechtem Gewissen zu krümmen scheint - was ist dann passiert? Es hat etwas ausgefressen. Völlig klar! Das verbotene Buddeln im Garten hat Spuren hinterlassen, ein Sofakissen ist zerfetzt oder der Mülleimer wurde schon wieder einmal ausgeräumt und alles was nicht fressbar war, ist in der gesamten Wohnung verstreut. Schimpfen, Strafe und dann irgendwann die Versöhnung – alles bis zum nächsten Mal, wenn das Häuflein Elend wieder einmal bei der Heimkehr mit schlechtem Gewissen...

Allgemein wird gesagt, Hunde können kein schlechtes Gewissen haben – und genauso ist es auch: Denn Hunde können das schlechte Gewissen nicht **haben,** sondern nur **zeigen**! Und dies ist kein Widerspruch.

Was sie uns zeigen, ist einzig und allein ihre Angst vor Strafe. Und diese Angst sitzt tief, denn das hat sie die Erfahrung ja nun oft genug gelehrt, was geschieht, wenn der Mülleimer mal wieder geplündert wurde oder man etwas zerkaut hat, was eindeutig kein Hundespielzeug war.

Dass hinter dieser Erfahrung die Einsicht steht, etwas Falsches getan zu haben, scheint nur uns Menschen auf den ersten Blick logisch. Man fragt sich in diesem Falle ja: Wenn er sich nicht schuldig fühlen würde, weshalb ist der Hund dann schon zerknirscht, bevor Herrchen die Übeltat überhaupt entdeckt hat? Die Antwort ist einfach und verblüffend:
Der Hund weiß eben aus Erfahrung, dass in einer bestimmten Situation Schimpfe oder gar Strafe unabänderlich auf ihn wartet. Er weiß nur nicht unbedingt, warum bzw., dass er selbst „schuldig“ war, indem er etwas tat um diese Strafe zu bekommen. Die Untat ist viel zu lange vom Zeitpunkt der Bestrafung entfernt, als dass der Hund hierbei einen Zusammenhang herstellen könnte. So fühlt er sich nicht schuldig, sondern er weiß bestimmte Umstände (z.B. verstreuter Abfall) als den Auslöser für die folgende Strafe zu erkennen.

Es ist sehr schwer, in diesen Fällen nicht „vermenschlichend“ zu denken. Ein Experiment macht dies deutlich und ist einfach von jedermann durchführbar:

1. Eigenhändig vor den Augen des Hundes den Müll auskippen
2. kommentarlos weggehen
3. Wiederkommen und die Reaktion des Hundes beobachten

Vermutlich wird der Hund schon beim Auskippen unruhig und nervös und bei der „Heimkehr“ wird er das gewohnte Bild des „schlechten Gewissens“ zeigen. Dabei müsste der Hund – nach menschlichem Denkvermögen – doch wissen, dass er diesmal gar nicht an dem Schlamassel schuld war?...?

Der Hund verknüpft ausschließlich folgende Faktoren: Herumliegender Müll in Verbindung mit der Heimkehr des Besitzers bedeutet Schimpfe oder gar Strafen! Die Tat an sich bringt er damit überhaupt nicht in Zusammenhang. Ihm fehlt also jegliche Form der Einsicht!

Hunde verstehen aber Verbote und Strafen nur, wenn sie unmittelbar auf frischer Tat bei etwas Verbotenem ertappt und damit konfrontiert werden. Und auch dann ist es nur ein Verbot oder Gebot, welches (hoffentlich) akzeptiert wird und keinesfalls eine Einsicht über ein schlechtes Verhalten. Hierzu fehlt dem Tier ein moralisches Wertesystem wie es nur uns Menschen eigen ist. Es wird aber häufig irrtümlicherweise auf die Tiere übertragen.

Das „schlechte Gewissen" ist nur ein „Wissen" der kommenden Strafe und die Angst davor – nicht mehr und nicht weniger!

Da es auch im Hunderudel Verhaltensregeln zum miteinander leben gibt, sind Hunde fähig, auch die wichtigsten Regeln der Menschen zu lernen, aber: Die Denkweise der Menschen verstehen die Hunde nicht!

Und die logische Konsequenz für uns Menschen muss sein: Eine verspätete Strafe ist vollkommen zwecklos – die einzig sinnvolle Erziehungsmethode liegt darin, den Hund in entsprechenden Situationen zeitnah zu ertappen, damit dieser die Verbindung zwischen „Tat und Strafe" herstellen kann und somit hieraus lernen kann.

Und wenn diese völlig sinnlosen Bestrafungen aufhören, wird der Hund sein Frauchen /Herrchen bald wieder freudig schwanzwedelnd beim Nachhausekommen begrüßen – ohne „schlechtes Gewissen". Er sollte ja nun durch eine durchdachte Erziehung gelernt und verstanden haben, was man darf und was nicht. Sollten dennoch scheinbar unlösbare Probleme auftreten, so sollte sich ein Hundehalter nicht scheuen, professionelle Hilfe z.B. durch einen Tierpsychologen zu suchen. Auch eine gezielte Bachblütentherapie kann gerade bei Zerstörungswut oder anderen Neurosen in Form des Alleinebleibens sehr hilfreich sein.

3.6 Häufige Missverständnisse zwischen Mensch und Hund

Der Hund schließt sich aufgrund der Domestikation eher dem Menschen als einem Artgenossen an. Trotzdem lebt er in seinem Familienrudel ähnlich wie in einem Hunderudel. Er kann zwar sehr gut zwischen Mensch und Hund unterscheiden, der Mensch ist für ihn jedoch eine Art „Überhund" und er erwartet daher vom Menschen ein gewisses hundeähnliches Verhalten.

Der Mensch misst häufig seinen Hund mit menschlichen Maßstäben, wodurch es zu Missverständnissen im alltäglichen Zusammenleben zwischen Mensch und Hund kommen kann.

Als erstes großes Missverständnis gilt, dass viele Hundebesitzer der Meinung sind, ihren Hund einzuengen oder zu unterdrücken, indem sie ihn ausbilden, erziehen und mit ihm arbeiten. Dabei ist genau das Gegenteil der Fall. Auch in der freien Wildbahn sind Wildhunde oder Wölfe ständig gefordert. Sie erlegen Beutetiere und müssen hierfür ihre Jagdstrategien entwickeln. Um die einzelnen Rangpositionen im Rudel wird gekämpft und das rudeleigene Territorium muss gegen Eindringlinge verteidigt werden. All diese Beschäftigungen wurden dem Hund genommen. Um ihn geistig wach zu halten ist eine entsprechende Beschäftigung unbedingt erforderlich!

Das zweite Missverständnis liegt darin, dass der Mensch das Gefühlsleben seines Hundes oft mit seinen eigenen menschlichen Maßstäben misst. Dem Hund jedoch fehlt das wirkliche Verstehen der menschlichen Gefühle – er spürt lediglich unsere Stimmungen. Ist der Mensch guter Dinge und fröhlich so überträgt sich diese positive Ausstrahlung auf den Hund. Ist man traurig oder gereizt, so ist auch der Hund bedrückt und angespannt. Er ist durch das veränderte Verhalten seines Menschen verunsichert, weiß aber nicht, was in diesem wirklich vor sich geht.

Ein Hund hat auch kein Gewissen im menschlichen Sinne – für ihn gibt es keinerlei Unterscheidung in Gut und Böse. Lediglich die angeborene Unterwürfigkeit und eine gewisse Angst vor Bestrafung – aufgrund erlernter Handlungsfolgen – macht für den Menschen den Eindruck eines schlechten Gewissens. Durch entsprechende Beschwichtigungsgesten will der Hund erreichen, dass er im „Rudel" bleiben darf, obwohl er gegen eine Regel verstoßen hat.

Das dritte Missverständnis zeigt sich darin, dass es leider Hundehalter gibt, welche die Bedürfnisse ihres Hundes in schwerwiegender Form unterschätzen. Sie glauben, dass ihr Hund im Zwinger gut aufgehoben wäre, sich dort sogar wohlfühle... Kurze Besuche auf dem Hundeplatz würden ausreichen. Nach „Gebrauch" wird der Hund wieder „weggeräumt". Derart isoliert gehalten und eventuell sogar noch laienhaft „scharf" gemacht, gehen von diesen bemitleidenswerten Tieren oft große Gefahren aus. Verhaltensstörungen sind hier vorprogrammiert, werden von diesen Hundehaltern jedoch meist zu spät erkannt, da meist die entsprechende Sensibilität dem Tier gegenüber fehlt.

3.7 Die Tricks der Hunde

Sträubt sich ein gesunder Hund gegen sämtliche Anweisungen und Befehle seines Besitzers, so ist bei der Grunderziehung etwas schief gegangen. Entweder ging der Halter zu heftig oder brutal vor und hat hierdurch den Hund vollkommen verunsichert, oder das Dominanzverhältnis zwischen Mensch und Hund hat sich zugunsten des Hundes verschoben. Ebenso schlimm ist ein launischer, für das Tier unberechenbarer Besitzer, der ein bestimmtes Verhalten einmal duldet und das nächste Mal streng bestraft. Dies verwirrt den Hund maßlos und kann echtes Fehlverhalten hervorrufen.

Manchmal ist der Hund auch nur in einigen Lebenssituationen ungehorsam. Oft fallen die Besitzer dabei auf weitverbreitete „Tricks" der Hunde herein, die diese geschickt anwenden, um sich einen Vorteil zu verschaffen:

- **Unterwürfige Dominanz:** Dies ist generell ein bei Hunden beliebtes Mittel um sich letztlich doch noch durchzusetzen. Bei ungeliebten Kommandos z.B. Platz wird vom Hund durch eine andere Tat (Pfötchengeben) abgelenkt. Geht der Besitzer hierauf durch Halten der Pfote ein, so hat der Hund durch sein Ablenkungsmanöver Erfolg. Ignoriert man als Hundehalter derartige Versuche, so wird der Hund die Nutzlosigkeit einsehen und das entsprechende Kommando immer schneller befolgen.
- **Aufmerksamkeit erzwingen:** Die meisten Hunde sonnen sich in der Liebe ihrer Besitzer. Manche versuchen jedoch, ständig die Aufmerksamkeit ihrer Menschen zu erzwingen (Anstupsen mit Maul oder Pfote, Ablecken, kurzes aufforderndes Bellen, ständiges Begleiten). Wenn alles nicht zum gewünschten Erfolg führt, folgen häufig drastischere Mittel: Hierzu gehören alle Handlungen aus Eifersucht, die bis zum Beißen des scheinbar störenden Objektes führen können. Dies erlebt man häufiger bei Hunden, welche sich nach der Geburt eines Babys vernachlässigt fühlen. Aber auch Eifersucht auf den Partner spielt häufig eine Rolle. Manche Hunde entwickeln stereotype Bewegungen, um sich bemerkbar zu machen. Indem man hierauf reagieren würde, verschlimmert sich die Situation und es hilft nur die Nichtbeachtung! Auch eine Schmerzvortäuschung kommt nicht selten vor (z.B. wenn der „wasserscheue" Hund den Spaziergang im Regen nicht mag). Futterverweigerung kann ebenfalls eine Protesthandlung darstellen und sollte genauso ignoriert werden. Einem gesunden erwachsenen Hund schaden 1-2 Hungertage in keinster Weise! Das Futter wird einmal täglich frisch angeboten, nach einer Viertelstunde kommentarlos entfernt – unabhängig davon, ob und wieviel der Hund fraß. Bei einem Welpen lässt man nur eine Mahlzeit ausfallen. Besonders Hunde, die sonst im Mittelpunkt stehen, reagieren heftig bellend, notfalls sogar durch Schnappen auf Be-

sucher, welche ihnen die Vormachtstellung streitig machen könnten. Bei derartigen Störungen darf der Besitzer auf keinerlei Annäherungsversuche des Hundes eingehen. Spiel- und Schmusezeiten werden ausschließlich vom Mensch begonnen und beendet. Heftige Reaktionen des Hundes bei Besuchern werden konsequent ignoriert. Auch wenn es Überwindung kostet, so dürfen auch Übersprungshandlungen wie z.B. Protestpinkeln vor den Augen des Besitzers innerhalb der Wohnung – keinesfalls beachtet werden. Erst wenn der Hund lernt, dass er durch sein Verhalten absolut keinen Vorteil erzielen kann, wird dieses umkehrbar sein.

- **Auch Tadel bedeutet Zuwendung!** Sogar Strafe wird als Zuwendung interpretiert, sobald dies eine Reaktion auf das Aufmerksamkeit fordernde Verhalten des Hundes ist. Der alleingelassene Hund bellt um seinen Besitzer zurückzurufen. Gelingt ihm dies, wird auch eine Schelte in Kauf genommen. Man sollte nur zurückkommen, wenn der Hund still ist und ihn dann ausgiebig zu loben.
- **Rasche Gewöhnung an starke Reize wie Stachelhalsband, Anschreien:** Hunde sind Gewohnheitstiere. Besonders die Hartgesottenen lassen sich nach kurzer Zeit von einer gleichbleibenden – auch starken – Einwirkung nicht mehr beeindrucken. Wer stets sehr laut mit dem Hund spricht, erreicht nur, dass der Hund sein Brüllen irgendwann ignoriert. Hunde hören ausgezeichnet. Je leiser und ruhiger man mit ihnen spricht, desto aufmerksamer reagieren sie und desto mehr „Reserve“ in Stimme und Lautstärke ist für einen eventuelle Notfall vorhanden. Das (kurzzeitige) Anlegen eines Stachelhalsbandes bei einem an der Leine ziehenden Hund ist nur – wenn überhaupt - erfolgreich, wenn es in Verbindung mit einer fachmännischen Erziehung erfolgt. Auf guten Hundeplätzen sind Stachelhalsbänder jedoch glücklicherweise verpönt und werden nicht geduldet. Früher oder später wird der Hund gefühllos gegenüber dem Schmerz und das alte Problem wird sich wieder verschärfen. Sanfte Hilfsmitteln wie z.B. das Halti sind in jedem falle vorzuziehen.
- **Ausnutzung der Schwächen des Hundehalters:** Hunde kommunizieren viel feiner als früher angenommen und sie beobachten die Menschen in ihrer Umgebung sehr genau. Der Hund bemerkt viele Gewohnheiten an seinem Menschen, die diesem selbst häufig gar nicht bewusst sind. Schwächen werden erbarmungslos ausgenutzt. Vor allem in Bezug auf Konsequenz und Ausdauer kennt der Hund die Grenzen seines Herrn oft ganz genau. Diese testet er z.B. durch ein Aufmerksamkeit erregendes Verhalten aus, indem er zunächst seine Bemühungen stets weiter verstärkt bevor er irgendwann „aufgibt“ und das unerwünschte Verhalten langsam verblasst.

3.8 Der Wunschzettel eines Hundes

1. **Ein hundegerechtes Zuhause -** Ein schöner Schlafplatz, wo er sich in Ruhe zurückziehen kann, eigene Futternäpfe, vernünftige und ausgewogene Ernährung, ausreichend Spielzeug, viel Bewegung und vollen Anschluss ans „Familienrudel“
2. **Die Gemeinschaft im Rudel -** Der feste Platz im Familienrudel gibt dem Hund Sicherheit und Selbstvertrauen. Ebenso wie ein Wolf braucht er die soziale Gemeinschaft um nicht früher oder später zum Problem zu werden. Besonders wichtig ist die geklärte Rangfolge, denn nichts ist Hunden mehr zuwider als „ungeklärte Beziehungen“. Sie brauchen ein Leittier, welches sie führt und notfalls zurechtweist. Der Boß darf nicht inkonsequent sein, denn das betrachtet ein Hund als Schwäche und Aufforderung zu einer inneren Kraftprobe. Alle Familienmitglieder – auch die kleinen – müssen sich dem Hund gegenüber konsequent und bestimmt verhalten. Verbote gelten generell!
3. **Abwechslung und Aufregung -** Eine neue Route fürs Gassigehen, eine andere Stadt, ein fremder Park – manchmal genügt schon die andere Straßenseite, aufregende neue Hundebekanntschaften, neue Gerüche und Geräusche: Ein Hund, der viel erlebt, ist ausgeglichen und glücklich. Und vor allem einer, der immer und überall mit dabei ist. Hunde brauchen Aufgaben, die sie erfolgreich bewältigen können z.B. Apportieren.
4. **„Zeitunglesen“ -** Wer meint, für seinen Hund sei die freie Bewegung das einzig Wahre, der irrt gewaltig. Jeder Hund braucht Zeit, die Welt ausgiebig mit der Nase erkunden zu können. Er „liest“ damit tausend wichtige Nachrichten. Hunde, die ständig neben Herrchens Fahrrad joggen müssen ohne gemütliche Freilaufzeit, sind arme Hunde. Noch ärmer dran jedoch sind Hunde, deren Besitzer meinen, der eigene Garten reiche als Auslauf für das Tier völlig aus und spazierengehen sei nicht nötig. Die Ärmsten jedoch sind die Zwingerhunde, die ein- oder zweimal täglich „befreit“ werden, um an kurzer Leine bei Fuß neben ihrem Besitzer herzulaufen. Es wird keinerlei Kontakt zu Artgenossen geduldet und sofort nach der notwendigen Entleerung geht´s wieder zurück ins Gefängnis. Weshalb bloß halten sich diese „Hundefreunde“ ein Tier, wenn sie nicht bereit sind, auf dessen Grundbedürfnisse einzugehen? Zum Glück genießt der überwiegende Teil der Hundefreunde die gemeinsamen ausgiebigen Spaziergänge in Feld und Wald genauso wie sein Hund.
5. **Spielspaß -** Das Spiel hat für Hunde in jedem Alter eine große zentrale Bedeutung. Sie können sich austoben, ihre Kräfte messen, die Fitneß testen und verbessern. Und im gemeinsamen Spiel mit Herrchen oder Frauchen wird die harmonische Bindung gefestigt. Bereits dem Welpen sollte ausreichend hundegerechtes ungefährliches Spielzeug zur Verfügung stehen – desto geringer

ist die Wahrscheinlichkeit, dass er sich über die Schuhe von Herrchen oder Frauchen hermacht (Übrigens kann ein Hund nicht zwischen einem alten – erlaubten und einem neuen – verbotenen Schuh unterscheiden!)

Eigentlich ist es einfach. Aber offensichtlich doch so kompliziert, denn fast immer liegen hier in Haltung und Umgang die Wurzeln der Verhaltensstörungen. Wer sich einen zufriedenen, lieben und gehorsamen Hund wünscht, der muss sich mit ihm verständigen können. Das heißt, ihn richtig zu verstehen, seine Ausdrucksmöglichkeiten richtig einzuordnen und vor allem sich selbst eindeutig verständlich zu machen. Deshalb ist es zuerst notwendig, die Grundmuster des Hundeverhaltens zu kennen: Der Hundehalter muss wissen, was der Hund ihm durch Lautsprache und Körpersprache mitteilen will und wie ein Hund lernt.

Von enormer Wichtigkeit ist auch ein Grundwissen über die Entwicklungsphasen des Junghundes und warum oft schon im Welpenalter spätere Verhaltensfehler vorprogrammiert werden.

4. VOM WELPEN ZUM FAMILIENMITGLIED

4.1 Die Entwicklungsphasen des Welpen

Das erste Lebensjahr im Leben eines Hundes ist das wichtigste. Und besonders in den ersten 3 Monaten werden die Weichen für das gesamte Hundeleben gestellt. Was in dieser Zeit versäumt wird, ist kaum noch nachzuholen. Viele Verhaltensstörungen sind auf mangelnde Prägung und falsche Erziehung in diesen so wichtigen Monaten zurückzuführen. Auch die Erziehung klappt am besten, wenn bestimmte Übungen in bestimmten Zeiträumen abgehalten werden: In den Entwicklungsphasen des Welpen, in denen er für sein ganzes Leben geprägt wird. Gerade den ersten 10 Wochen – die Zeit die der Welpe noch bei seiner Mutter und seinem Züchter verbringt – wird leider häufig zu wenig Bedeutung beigemessen.

Beim Kauf eines Welpen sollte man daher darauf achten:

a. dass die Welpen Menschenkontakt haben und schon beim Züchter auf alltägliche Begebenheiten vorbereitet werden
b. dass die Hunde in Ruhe aufwachsen können und nicht schon in diesem Alter Lärm und einer Stressreichen Umgebung ausgesetzt sind.
c. Dass die Welpen möglichst innerhalb der Familie ihre ersten Lebenswochen verbringen – dies ist wesentlich mehr wert als ein supermoderner Zwinger

Die Entwicklung des jungen Hundes
In der 1.-3. Lebenswoche zählt für den Welpen ausschliesslich dessen Mutter. In der 3.-6. Woche öffnen sich Augen und Ohren. Ab der 6. Woche wird die Umwelt erforscht, mit Brüdern und Schwestern gerangelt und die Toiletten-Ecke aufgesucht (Hemmung, das Lager zu verschmutzen). Die Entwöhnung von der Mutter beginnt. Die Mutter verlässt das Wurflager öfter und länger.Ab der 8. Woche unterscheidet der Welpe zwischen Bekannten und Fremden. Geeignetes Spielzeug ist nun wichtig und die ersten Beiß- und Nageversuche müssen sanft unterbunden werden.

Die Sozialisierungsphase (10. - 12. Woche)
Während dieser Zeitspanne kommt der Welpe meist in seine neue Familie und gerade in dieser Zeit wird die Partnerschaft zwischen Mensch und Hund geprägt. Aber auch der Kontakt zu Artgenossen ist während dieser Zeit enorm wichtig (siehe Thema Welpenspielgruppen). In diesen Wochen erfolgt die Erziehung zur Stubenreinheit, er lernt erste Spaziergänge an der Leine sowie das Autofahren. Beim Spielen nimmt ihm das neue Herrchen/Frauchen stets mal wieder das Spielzeug

weg um hier bereits die Rangordnung zu festigen. Um ihn nicht zu frustrieren, indem er seine Beute abgeben muss, wird die Situation mit viel Lob und Belohnungsleckerli ausgeglichen. Diese zwei Wochen bedeuten ein ausgefülltes Programm für Mensch und Hund, der Welpe darf jedoch keinesfalls durch übertriebene Erziehungsversuche überanstrengt werden! Spielerische Übungen sollten nicht länger als 15 Minuten dauern und stets mit einem positiven Ergebnis beendet werden. Geduld und Konsequenz sind bereits jetzt die wichtigsten Erziehungsmethoden.

Die Rangordnungsphase (13. – 16. Woche)
In diesen 3 Wochen versteht der Welpe am besten, dass Strafe und Tadel die Folge von Dingen sind, die er nicht tun darf. Er ist enorm lernfähig und merkt, dass sein Herr die Autorität ist, der er sich unterordnen muss und auch, dass alles Lob und Gutes, was ihm widerfährt, von diesem Menschen kommt. Der Welpe befindet sich jetzt sozusagen im Kindergartenalter. Wer in dieser Phase versäumt, seine eigene Autorität durchzusetzen wird immer wieder mit seinem Hund Probleme bekommen, da dieser stets versuchen wird, der Boß zu sein. Jetzt lernt der Welpe auch, dass er Menschen nicht anspringen soll, Kommandos wie „Sitz", „Platz", „Komm" und das Betteln nicht erlaubt ist. Auch kurze Phasen des ersten Alleinebleibens müssen bereits in dieser Zeit geübt werden, ebenso wie die wichtigen Kommandos „Aus" und „Pfui".

Spätestens jetzt sollte der junge Hund möglichst viele Kontakte zu anderen Tierarten und fremden Menschen haben. Die vielfältigsten Umweltreize (Menschenansammlungen, Straßenverkehr...) sollten ihm jetzt - behutsam und stressfrei - in dieser Sozialisierungsphase angeboten werden. In der Welpengruppe des Hundevereines sollte er mit Artgenossen spielen und erste spielerische Lernübungen absolvieren.

Die Umweltphase (17. – 24. Woche)
In dieser kritischen Zeit festigt sich das Umgebungsbewusstsein des Hundes. Er erfasst bewusst seinen Lebensraum und reagiert auf alle Veränderungen ängstlich und nervös. Die motorischen Fähigkeiten werden weiterentwickelt, die Umwelt erobert und die psychischen Reaktionen auf die Umweltreize gelernt. In dieser schwierigen Zeit bis zur 20. Woche sollten Sie dem Hund nichts Neues beibringen, sondern das bisher Gelernte vertiefen. Ab der 20. Woche wird der junge Hund sozusagen „schulreif" und beginnt selbständig zu werden. Nun ist eine feste, aber sanfte Hand nötig und noch mehr Geduld als bisher! Nun kann er das korrekte Laufen an der Leine mit Kehrtwendungen, Anhalten und Setzen lernen.

Das Sozialverhalten gegenüber Artgenossen entwickelt sich und wird auf den jeweiligen anderen Hund fein abgestimmt. Im Sozialverhalten dem Mensch gegenüber entwickelt sich ein eigenes Schema.

Die Pubertätsphase (6. – 12. Monat)
Viele Halter eines Junghundes stöhnen über das flegelhafte Benehmen ihres Hundes. Er „vergißt" gelerntes, lehnt sich gegen Ge- und Verbote auf und testet ständig seine Grenzen aus. Besondere Probleme bereiten häufig Rangordnungskämpfe zwischen Hund und Mensch. Während der Pubertät versucht ein Hund nicht selten, in der familiären Rangordnung stufenweise aufzusteigen. Meist treten erste derartige Störungen im Zusammenleben des Hundes mit zur Familie gehörenden Kindern auf. Wird der Junghund jetzt nicht zu grundsätzlichem Gehorsam erzogen, so ist er verzogen und weitere Verhaltensprobleme sind vorprogrammiert. Erschreckend häufig liegen die Ursachen von Aggressionsstörungen und Dominanzproblemen in einer nicht konsequenten Erziehung des Hundes während dieser Pubertätszeit.

Ab dem 7. Monat – je nach Rasse auch später - hebt der Rüde sein Bein um sein Revier zu markieren und die Hündin kann zum ersten Mal läufig werden. Bei einzelnen Rassen reifen bestimmte Instinkte (Verteidungs- und Schutzverhalten) oft erst nach zwei bis drei Jahren. Der Hund sollte nun an der Leine oder frei laufend allen Kommandos gehorchen. Versäumnisse in der Erziehung sollten nun schnellstens nachgeholt werden! Es ist zwar nie zu spät – auch ein alter Hund ist noch durchaus lernfähig, aber je früher Sie man mit der konsequenten Erziehung beginnt, um so leichter wird es für den Hund und für den Halter und um so besser wird er das Gelernte sein Leben lang beherrschen

Das Erwachsenwerden
Mit 12-18 Monaten (je nach Rasse) kommt mit der Geschlechtsreife das Ende der Welpenzeit. In dieser Zeit der „Pubertät" treten häufig Probleme wie Streunen, Ungehorsam, Launenhaftigkeit ect. auf. Nun ist einiges an Konsequenz, Geduld und vor allem viel Zuwendung nötig. Hat der Junghund das nötige Vertrauen zu seinem Besitzer, so lassen sich all diese „Teenager-Probleme" mit dem nötigen Fingerspitzengefühl schon im Ansatz beheben. Zur Zeit der Geschlechtsreife werden viele Hunde deutlich launenhafter, neigen zum Streunen, verweigern den Gehorsam oder reagieren sehr ängstlich auf unbekannte Situationen oder Menschen. Ihren Besitzern verlangt diese Phase viel Geduld, Zuwendung, Aufmerksamkeit und vor allem Konsequenz ab.

Die häufigsten „Sünden" des Junghundes

An Hosenbeinen zerren, - beißen, - aufreiten, -in Schuhe beißen, - Katzen jagen, - betteln....

Die Ursache hierfür liegt in der Persönlichkeitsentwicklung des Hundes. Er sucht seine Stellung im Rudel und muss nun deutlich aber gewaltfrei seine Grenzen gezeigt bekommen. Der junge Raudi muss lernen, seine Rangstellung – an letzter Stelle im Familienrudel – problemlos zu akzeptieren.

Zum Thema Konsequenz:

Hier finden sich viele Parallelen zur Kindererziehung: Behutsames, aber konsequentes Vorgehen ist äusserst wichtig. Tatendrang und Neugier darf nicht bestraft werden sondern muss in die richtigen Bahnen gelenkt werden. Alle Familienmitglieder müssen „an einem Strang ziehen", damit der junge Hund genau weiß, woran er ist. Er merkt sonst sehr schnell, bei wem er sich evt. mehr herausnehmen darf, wer nachgiebiger ist.

Beißspiele sollten auf passende Spielsachen gelenkt werden. Wilde Spiele, wobei der Hund zu fest in Hände/Kleidung zwickt, werden sofort abgebrochen. Er muss lernen, dass menschliche Haut sehr viel empfindlicher ist wie das Fell seiner Artgenossen. Bei geduldiger Anleitung wird er beim leisesten „Au" sofort loslassen.

Erste Jagdversuche (Katzen, Kaninchen, Vögel) sollten möglichst schon im Ansatz unterbunden werden. Hatte er erst einmal ein Erfolgserlebnis – nicht der Beutefang, sondern das Jagen an sich ist für den Hund bereits der Erfolg! – so wird er zum Wiederholungstäter werden und künftig kaum noch davon abzuhalten sein. Ist der Hund trotzdem auf und davon, darf er auf keinen Fall bei der Rückkehr bestraft werden. Er wird Tadel oder Strafe nicht mit der Jagd sondern mit seiner Rückkehr verbinden. Die bessere Lösung ist, wegzugehen oder sich zu verstecken. Im Normalfall wird der Junghund aus Angst, seinen Rudelführer zu verlieren, rasch zurückkommen und sich über die freudige (!) Begrüßung freuen.

Gegen das lästige Aufreiten hilft einzig liebevolle Konsequenz, Ablenkung und viel Kontakt zu Artgenossen. Auch gegen das Betteln helfen nur strenge Regeln: Futter gibt es nie am Tisch!!

Prinzipiell sollte jede Übung mit einem Lob beendet werden, auch wenn es noch nicht ganz geklappt hat. Das Wichtigste ist, die Motivation des Hundes und den Spaß am Lernen zu erhalten. Dies gilt für Hunde aller Altersklassen. Nur ein Hund, der mit Freude lernt, wird das Erlernte auch dauerhaft behalten.

4.2 Die versäumte Prägephase

Ab der dritten Lebenswoche entwickelt jeder Hundewelpe eine Urangst vor allem Unbekannten. Gleichzeitig besitzt er jedoch die Fähigkeit, zu lernen. So lernt er noch in der Wurfkiste, was ein Artgenosse ist und hat daher vor anderen Hunden grundsätzlich keine Angst. Er wird über körperliche und geruchliche Faktoren „auf den Artgenossen geprägt". Dies spielt sich in den ersten 7 Wochen ab und festigt sich dauerhaft.

Nur wenn die Welpen nun in der gleichen Zeit auch den Geruch des Menschen in sich aufnehmen können, werden sie sich ebenso freundlich wie anderen Hunden auch den Menschen zuwenden. Sie sind dann „auf den Menschen geprägt". Haben sie jedoch in jeder wichtigen Prägephase, die mit dem Erwachen der Sinne um den 15. Lebenstag beginnt, keinerlei Menschenkontakt, so fürchten sie sich vor der sich nähernden Hand. Sie verkriechen sich, knurren und beißen schließlich nach dem für sie unheimlichen Menschen.

Erlebt man dies bei einem „Züchter", so sollte man hier keinesfalls ein Tier erwerben! Derart scheue Welpen werden nur in den seltensten Fällen zu Hunden, mit denen man einen guten Kontakt aufbauen kann da ihnen die Menschenprägung fehlt. Dies lässt sich nicht mehr verändern. Bei derartigen Hunden kann man bestenfalls eine gewisse Zahmheit erreichen, eine sichere Unterordnung ist unmöglich. Der Hund wird seine Angst vor dem Menschen niemals völlig verlieren und mit großer Wahrscheinlichkeit eines Tages als sogenannter Angstbeißer im Tierheim enden. Keinesfalls sollte man sich auf Argumente des Züchters wie: Dies sei ein normales „Fremdeln" einlassen. Gut geprägte Welpen sind stets offen für Neues und neugierig auf jeden Besucher.

4.3 Die Früherziehung des Welpen

Die richtige und ohne Überforderung durchgeführte Früherziehung eines Welpen verhindert spätere Verhaltensstörungen recht zuverlässig. Welpen trainiert man am besten durch die sogenannte „positive Konditionierung", also durch Situationen, in denen das Hundekind von sich aus tut, was man wünscht. Es wird ohne Zwang und mit sehr viel Geduld geübt und reichlich gelobt und belohnt. Dieses frühe Training besteht überwiegend aus Spiel und sollte nur durch ein- bis zweiminütige Übungsphasen unterbrochen werden. Sinnvoll ist es, vor der Fütterung zu üben und zeitlich sollten diese Trainingseinheiten dann stattfinden, wenn der Welpe wach und aufmerksam ist. Zwei- bis dreimal täglich jeweils zwei bis vier Minuten reichen anfangs völlig als Trainingspensum aus.

Das erste, was der Welpe lernen muss, ist sein Name. Dieser sollte stets in Verbindung mit etwas Positivem genannt werden, während er gestreichelt wird oder während er sein Futter erhält. Innerhalb kurzer Zeit wird er freudig auf seinen Namen reagieren.

Die Erziehung zur Stubenreinheit

Grundsätzlich „muss" ein Welpe meist nach jeder Mahlzeit, nach dem Aufwachen und oft während des Spielens. Das Hundekind muss genauestens beobachtet und sofort nach draußen gebracht werden, wenn man bemerkt, dass er am Boden schnüffelnd herumläuft oder sich im Kreis drehend einen Platz für sein Bedürfnis sucht. Da es meist wirklich eilt, sollte man den Hund nach draußen tragen, sonst könnte er sich bei den letzten Schritten zum Ziel eventuell nicht mehr beherrschen können und ein Erfolgserlebnis wäre vertan. Sobald er draußen sein Geschäft erledigt hat, muss er ausgiebig gelobt werden.

Bei genauer Beobachtung und stets rechtzeitigem Handeln des Menschen ist ein Hundewelpe nach 14 Tagen stubenrein. Passiert dann hin und wieder doch noch mal ein Malheur in der Wohnung darf der Kleine keinesfalls bestraft werden. Das „Problem" wird wortlos beseitigt und die betroffene Stelle ausgiebig gereinigt. Der Duft muss neutralisiert werden um ein erneutes Verunreinigen zu verhindern. Meist ist an diesem Malheur der Mensch selbst schuld – vermutlich hat er die kleinen Anzeichen des Welpen übersehen. Was blieb dem Hund übrig, wenn ihn keiner versteht?

Draußen sollte man jedes Häufchen des Welpen mit dem stets gleichen Wortlaut „begleiten". Ob man nun sagt "Eil Dich" oder „Mach Häufchen" oder ähnliches, ist völlig gleichgültig. Hiermit kann man erreichen, dass der Hund sein Geschäft – sofern er wirklich muss – quasi auf Kommando erledigt.

Wird der Welpe trotz aller Bemühungen nicht zuverlässig sauber oder „vergißt" die Stubenreinheit wieder, sollte der Tierarzt eine organische Störung ausschließen. Ursachen können weiterhin sein: Protesthaltung gegenüber einer veränderten Lebenssituation, Verlassenheitsängste, Störungen während der Ruhezeiten, mangelnde Zuwendung, Stress, Unruhe im Haus und Familie, totale Unterwerfung (Harntröpfeln). Hier muss die Ursache erkannt und beseitigt werden, ein geregelter Tagesablauf eingehalten werden. Gemeinsame Aktivitäten und das Erlebnis neuer Situationen steigern das Selbstbewusstsein. Weitere Tipps im Kapitel Unsauberkeit.

Halsband und Leine
Erste Kommandos und neue Übungen werden stets an der Leine geübt. So prägt sich dem Welpen ein, dass es keine Möglichkeit zur Ablenkung und zum Davonlaufen gibt und er gehorchen muss. Bei sanftem Umgang akzeptieren die meisten Hunde Halsband und Leine recht problemlos. Zunächst wird der Welpe stundenweise in der Wohnung an das Halsband gewöhnt. Sobald er dies akzeptiert, nimmt man ihn an die Leine. Es ist durchaus möglich, dass er sich anfangs gegen die Einschränkung seiner Bewegungsfreiheit wehrt, ein Herumtollen mit der Leine bringt ihn aber bald auf andere Gedanken. Keinesfalls darf der Welpe bei den ersten Versuchen an der Leine gezogen werden!

Sobald er Leine und Halsband gewohnt ist lernt er das richtige Laufen neben seinem Besitzer. Von Anfang an sollte er lernen, links neben dem Menschen zu gehen. Die Übungen müssen konsequent aber völlig gewaltfrei durchgeführt werden. Scharfe Rucke an der Leine oder Schimpfen ist absolut tabu! Um ihm das Ziehen an der Leine gar nicht erst anzugewöhnen, wird mit Lockmitteln wie Leckerlis sowie der sanften lockenden Stimme gearbeitet. Sobald er auf leichten Leinenzug reagiert muss ausgiebig gelobt werden. Zieht er vorwärts, genügen leichte Rucke um ihn wieder an die linke Seite zu bekommen. Auf diese Weise lernt er, dass es an dieser Stelle für ihn am angenehmsten ist. Wird der Hund jedoch langsam herangezogen, so wird er sich dagegenstemmen. Damit erzieht man sich einen Hund der später ständig an der Leine zerrt, was besonders bei großen Hunden sehr unangenehm sein kann.

Das Alleinebleiben
Sicher möchte jeder Hund gerne überall dabei sein, aber das Alleinebleiben ist manchmal unumgänglich und sollte bereits im Welpenalter geübt werden um spätere Trennungsängste (separates Kapitel) zu verhindern. Grundsätzlich ist es jedoch für einen Welpen artwidrig, wenn er alleinegelassen wird. In der freien Natur käme dies bis zu einem Alter von vier bis fünf Monaten einem Todesurteil gleich. Deshalb sollte man auch erst mit vier Monaten beginnen, den Welpen für ein bis zwei Minuten(!) alleinezulassen. Ein zu frühes Alleinlassen kann beim Welpen schwere Verlassensängste auslösen. Manchmal treten solche Störungen erst viel später auf, die Ursachen liegen jedoch häufig in solch einem frühen Trennungserlebnis. Bei der Anschaffung eines Welpen sollte in der Planung demnach berücksichtigt werden, dass bis zum Ende des vierten Lebensmmonats immer jemand bei ihm sein kann!

Auch an später notwendige Dinge wie das Autofahren (anfangs im stehenden Fahrzeug), Benimm bei Tisch im Restaurant und alles, worauf der Halter später Wert im täglichen Umgang mit seinem Hund legt, sollte während dieser so aufnahmefähigen Junghundezeit erlernt werden.

4.4 Kindergarten für junge Hunde – sind Welpenspielgruppen sinnvoll?

Welpen sollten unbedingt die Gelegenheit bekommen, sich mit anderen Hunden weiterzuentwickeln und auf diese Weise spielerisch Sozialverhalten zu erlernen.

Leider werden noch immer viele Hunde zu früh durch die Züchter von Mutter und Geschwistern getrennt. Kommen diese das erste mal in eine Welpenspielgruppe, so sitzen sie anfangs stocksteif in der fröhlichen Runde. Erst, wenn sie merken, dass ihnen niemand etwas antun will, entspannen sie sich. Oft waren sie schon viel zu lange seit der Trennung des Züchters allein – so etwas kann böse ins Auge gehen! Die Entwicklung unter Artgenossen wird mit der Abgabe an den neuen Besitzer häufig abrupt abgebrochen. Wenn der Hund dann so plötzlich seinen tierischen Umgang verliert, wird er das richtige Verhalten in einer Hundegruppe nicht lernen und kann sich so zu einem ängstlichen oder aggressiven Neurotiker entwickeln.

Die Welpenspielgruppen sind für die neuen Besitzer häufig die einzige Möglichkeit, ihrem Hund Kontakte zu gleichaltrigen Artgenossen zu ermöglichen.

Welpen spielen nicht aus Jux und Tollerei. Sie erproben damit ihre Kraft, lernen Mimik und Körpersprache – die ja in verschiedenen Situationen durchaus andere Bedeutung haben können. Das Verständnis hierfür ist <u>nicht</u> angeboren. Solche Feinheiten in der Ausdrucksweise müssen erlernt werden, vor allem unter verschiedenen Rassen. Denn manche Rassen können aus körperlichen Gründen Signale nicht so zeigen. Daher ist es auch immens wichtig, dass in derartigen Spielgruppen die unterschiedlichsten Rassen vertreten sind. Hunde, die durch viel Kontakt zu Artgenossen wissen, wie sie sich zu verhalten haben, können Situationen besser einschätzen. Sie erkennen, wenn der andere stärker ist und akzeptieren auch die Unterwerfung eines Schwächeren.

Auch eine einseitige Prägung nur auf den Menschen wird durch diese Spielstunden vermieden – schließlich soll der Hund später auf Spaziergängen auch mit fremden Hunden auskommen...

Die entscheidende Phase für solche Welpenspielgruppen gilt von der 6. Bis 35. Lebenswoche. Haben Welpen während dieser Zeitspanne keine Möglichkeit, Sozialverhalten zu lernen, kann das zu kommunikativen Störungen, zu Angst vor Artgenossen und zu Aggressionen führen.

Eine soziale Isolierung zerstört die Psyche eines Welpen rascher als jede noch so harte Erziehungsmethode.

In einer idealen Welpengruppe sind Hunde möglichst vieler Rassen und aller Größen vertreten. Wenn dann auch noch Menschenkinder und vielleicht sogar andere Haustiere in das Training einbezogen werden, ist die ideale Gruppe gefunden! Jede Art von Zwang sollte bei diesen Treffen abgelehnt werden. Die Hunde sollten auch vielfältigen optischen und akustischen Reizen wie Regenschirmen und Motorenlärm ausgesetzt werden. So lernen sie, dass dies nichts gefährliches ist und verhalten sich auch künftig ruhig. Doch nur erfahrene Übungsleiter sollten solche Gruppen betreuen, damit nicht im falschen Moment korrigiert wird. Auch der Hundehalter wird hier mit betreut, damit er die Angst um sein Hündchen verliert und lernt, ihm etwas zuzutrauen.

Und der Hund bekommt im Welpentreff die Chance, sich zum perfekten Partner für Mensch und Mithund zu entwickeln.

4.5 Wie bringt man einen faulen Welpen wieder auf Trab?

Besonders bei großen oder schweren Rassen wird es häufig empfohlen, Welpen steile Treppenstufen hoch und wieder herunter zu tragen. Die jungen Knochen, Sehnen und Muskeln sollten nicht überstrapaziert werden, insbesondere wenn es sich um viele Treppenstufen und sehr steile Treppen handelt. Dagegen ist nichts einzuwenden, sofern man den richtigen Moment nicht verpasst, an dem der Hund selbst aktiv klettern sollte. Es gibt jedoch auch Hunde, welche die Bequemlichkeit des „Getragenwerdens“ sehr zu schätzen wissen und auch in dem Alter, wo sie dann eigentlich selbst Stufen steigen und ins Auto springen könnten, dies kategorisch verweigern. Auch manche Hunde, welche negative Erfahrungen hinter sich haben, z.B. einen Treppensturz, sind häufig partout nicht mehr zum Stufensteigen zu bewegen. Dieses Problem tritt weitaus häufiger beim „Bergab“ auf. Bei älteren Hunde, welche sich derart verweigern, sollte man durch einen Tierarzt abklären lassen, ob eventuell ein körperliches Problem vorliegt. Einen Hund mit sichtlichen Schmerzen sollte man niemals zwingen, zu springen!

Wie gewöhnt man nun diese anerzogene „Faulheit“ wieder ab?

Normalerweise beginnt ein Welpe von alleine im Alter von ca. 4-6 Monaten auch Treppen, Sofa und andere Hürden von selbst zu erklimmen. Manche jedoch, und dies sind insbesondere die besonders gelehrigen, können nicht verstehen, dass nun ihre eigene Initiative gefordert ist. Sie haben es nicht anders gelernt! Der Besitzer hat ihnen ja schließlich beigebracht, dass sie warten sollen, bis er sie trägt! Meist hat der Hundehalter selbst den richtigen Moment verpasst, wo der junge Hund die ersten selbständigen Kletterversuche machen wollte oder sie ihm sogar noch verboten. Manchen fällt der Erziehungsfehler erst auf, sobald das Tier zu schwer ist, um ihn ständig hochzuheben. Fehlt es nun dem Hund wirklich an jeglicher Erfahrung im Steigen, Hüpfen und Springen, so muss das Training von Grund an aufgebaut werden. Diese ungewohnten Bewegungen erlernen sich am einfachsten im Wald, wo es buchstäblich über Stock und Stein geht. Doch auch in der Wohnung müssen die zaghaften Sprungübungen mit Hörzeichen wie „Hopp", „Drüber", „Hoch" oder ähnlichen begleitet werden. Im Laufe der Zeit soll das Kommando so verallgemeinert sein, dass der Hund auf diese Kommandos hin hochspringt.

Wenn der Hund sich weiterhin hartnäckig weigert, zuhause Treppen zu steigen

In diesem Falle versucht man es mit Lockmitteln wie Leckerlis oder Wurststückchen, welche auf die einzelnen Stufen gelegt werden. Gemeinsam mit den unterstützenden Kommandos sowie ein leichtes, sanftes Anschieben genügen meist als Motivation, es doch einmal zu versuchen. Besondere Aufmerksamkeit ist beim Abstieg einer steilen Treppe nötig. Ein ungeübter Hund könnte hierbei böse stürzen und sich verletzen. Beim Training des „Abstiegs" stellt sich der Hundehalter unterhalb des Hundes um ihn notfalls zu stützen. Das eigentliche Training sollte täglich, jedoch nicht länger als einige Minuten und mit großer Ruhe und Geduld durchgeführt werden. Gleiches gilt für das Hineinspringen ins Auto: Dies sollte man spielerisch angehen, indem um das parkende Auto gespielt wird und ab und zu ein Ball oder ein Leckerli im Innenraum landet, welches der Hund nach einiger Zeit holen wird.

Nach jedem Erziehungsfortschritt ist ein großes Lob und selbstverständlich eine Belohnung fällig.

Bei ganz hartnäckigen oder überängstlichen Kandidaten könnte professionelle tierpsychologische Hilfe nötig werden. Auch eine unterstützende Bachblütentherapie mit einer angstlösenden Blütenmischung ist sehr zu empfehlen. Diese Mischung sollte nach dem Charakter des Hundes und der jeweiligen Situation ausgewählt werden. Unbedingt enthalten sein sollten jedoch Star of Betlehem, Mimulus und Larch.

4.6 Häufige Fehler während der Welpenerziehung

Leider erhalten viele Junghunde gar keine Erziehung was zu späteren negativen Auswirkungen führen kann. Dies hat meist nichts mit einer Vernachlässigung seitens des Besitzers sondern vielmehr mit dessen Unwissenheit zu tun. Welpen erwecken den Anschein, als gäbe es für sie nichts anderes als Spielen, Schlafen und Fressen. Ab der sechsten Lebenswoche jedoch trügt dieser Schein: Die Entwicklung verläuft stürmisch und jetzt braucht der Welpe dringend Anregungen und Entwicklungshilfe durch den Menschen, soll er zu einem angenehmen und gut erzogenen Familienmitglied werden.

Zu den Jugendsünden zählen häufig das Zwicken in Schuhe und Strümpfe, am Hosenbein zerren, Aufreiten, das Jagen von Katzen – das Register könnte endlos fortgesetzt werden. Der Hund sucht nach Anerkennung, will dazugehören und sucht seine Position innerhalb der familiären Rangordnung. Der Welpe muss nun konsequent aber behutsam angeleitet werden, um das gewünschte Verhalten zu lernen. Tatendrang und Neugier darf jedoch nicht bestraft werden. Der Umgang mit dem jungen Hund muss nun innerhalb der Familie genau geklärt sein. Tabus gelten für alle! Die Tiere merken sehr schnell, wer unter Umständen besonders nachgiebig ist.

- **Bisse** in Hosen oder Hände sind verboten! Eine Abwehr wird jedoch leicht als Aufforderung zu noch wilderem Beißen mißverstanden. Körperliche Strafen können eine erste Abwehraggression oder Zerstörungswut in Form einer Übersprungshandlung auslösen. Stattdessen muss die Aktion auf Spielzeug abgelenkt werden. Ideal sind Kauspielzeuge, welche auch die Zahnungsschmerzen lindern.
- **Ablecken** ist eine Demuts- und Freundschaftsbezeugung, die viele Menschen nicht mögen. Dies sollte sanft auf ein erträgliches Maß reduziert werden ohne den Hund grob wegzustoßen. Ideal ist auch hier ein Ablenkungsmanöver.
- **Das Jagen** von Katzen, Hühnern oder anderen Tieren macht jedem jungen Hund einen Riesenspaß – auch wenn keine böse Absicht dahintersteckt. Freut sich der Mensch auch noch über diese Jagdspielchen, so fühlt sich der Hund in seinem Tun bestätigt. Irgendwann nun früher oder später - wird aus dem Spiel ein Ernstfall. Um dies im Ansatz zu verhindern muss möglichst jeder Startversuch zur Jagd energisch gestoppt werden. Ein kurzer kräftiger Leinenruck in Verbindung mit einem scharfen „Nein!“ ist wesentlich effektiver als ein Zurückziehen an der Leine. Dies würde der Hund negativ miteinander verbinden: Rückkehr = Tadel. Läuft der Hund frei und ist schon verschwunden: Nicht schreien! Nicht hinterherlaufen! Man bewegt sich in der entgegengesetzten Richtung davon oder versteckt sich. Den zurückkehrenden Hund begrüßt man freudig!
- **Aufreiten** nennt man den Klammergriff der Junghunde dessen Ziel eine Machtdemonstration ist. Konsequentes Abweisen, Ablenkung und regelmäßiger Kontakt mit Artgenossen bringen Abhilfe.

- **Betteln** verhindert man, indem der Hund **niemals** etwas vom Tisch bekommt. Mahlzeiten für den Hund gibt es ausschließlich und ohne Ausnahme im Napf. Er wird sich über die Wurstscheibe oder den Fleischrest in seinem Hundenapf genauso freuen wie über eine Gabe vom Tisch – Bettel-Probleme jedoch werden zuverlässig vermieden.

Aus Angst im Welpenalter entwickeln sich Verhaltensstörungen
Durch ein gesundes Mißtrauen in einer fremden Umgebung oder vor fremden Menschen werden einem Welpen unangenehme Erfahrungen erspart. Wird er jedoch von seinem Besitzer zu sehr behütet behindert dieses Übermaß an Vorsicht massiv seine Entwicklung. Das Ergebnis sind wehleidige, kontaktscheue Tiere oder Angstbeißer.
Die Ursachen liegen in traumatischen Erlebnissen, z.B. eine Beißerei, ein erschreckender Tierarztbesuch, ein Ausrutschen auf der Treppe, Lärm oder Knallgeräusche. Auch die übermäßige Fürsorge des Halters fördert derartige Verhaltensstörungen. Ängste übertragen sich auch von dem Halter auf seinen Hund! Der Hund spürt die innere Veränderung seines Herrchens aufgrund eines Angstgefühles und bekommt selbst Furcht vor diesem unerklärlichen und nicht greifbarem „Phantom".

- **Beißerei:** Leider kann man sich als Hundehalter keinesfalls mehr auf den angeblichen Welpenschutz verlassen. Das Sozialverhalten vieler Hunde ist heutzutage derart massiv gestört, dass häufig auch noch ganz junge Welpen angegriffen werden. Diese Vorfälle gehen von Rüden ebenso häufig aus wie von Hündinnen und man sollte daher bei unbekannten – vor allem großen – Hunden durchaus eine gewisse Vorsicht zeigen. Wird ein Welpe gebissen, so braucht er schnellstmöglich wieder Kontakt mit Artgenossen, möglichst auch mit Hunden der Rasse des Beißers. Nur so kann er schnell lernen, dass doch nicht alle Hunde böse auf ihn reagieren.
- **Tierarztbesuch:** Der erste Besuch sollte ohne einen bestimmten Anlass – Möglichst nach der Sprechstunde – stattfinden. So hat der Welpe die Möglichkeit, den Arzt, die Umgebung und die ungewohnten Gerüche völlig Stressfrei kennenzulernen. Bei diesem ersten Besuch sollte er keinesfalls bereits negative Erfahrungen (z.B: Spritze) machen.
- **Knallgeräusche/Lärm:** An Silvester darf man einen Welpen keinesfalls alleinelassen. Er sollte gestreichelt und abgelenkt werden ohne Mitleid zu bekunden. Bereits im Vorfeld kann man durch verschiedene Lärm- und Knallgeräusche den Hund auf derartiges vorbereiten. Wird jeder Lärm mit einer Belohnung verknüpft, so lässt die Panikreaktion bald nach.
- **Angst vor Treppen:** Der Hund darf niemals mit Gewalt auf eine angstmachende Treppe gezogen werden! Der Mensch sollte langsam vorausgehen und den Hund locken, eventuell Leckerlis auf den Stufen auslegen.

- **Verhätscheln:** Nur in unmittelbarer Nähe ihres Besitzers fühlen sich übermäßig verhätschelte Hunde stark (Kläffer, Angstbeißer). Schon den Welpen muss der freie Umgang mit Artgenossen unbedingt gestattet werden. Auch wenn manche Begegnung unter Hunden etwas wild aussieht – zu 99 Prozent sind sie harmlos. Bisher extrem behütete Hunde können ihre „Freiheit" meist gar nicht gleich genießen, sondern verstecken sich hinter ihrem Besitzer. Der Grund hierfür ist die Übertragungsangst – sie fühlen die Angst des Besitzers um sie. Erst wenn der Mensch diese Angst selbst abgelegt hat, wird auch sein Hund Selbstbewusstsein erlangen können.

4.7 Charakterliche Veränderungen während des Erwachsenwerdens

Ein bisher sehr braver Hund wird plötzlich unfolgsam, aufsässig oder sogar aggressiv. Meist sind es bestimmte Altersstufen, in denen diese Veränderungen auftreten, sofern nicht ein traumatisches Erlebnis als Ursache hierfür verantwortlich ist. Dies könnte ein Autounfall, eine plötzliche Knalleinwirkung (Schuß) oder ein anderes Schockerlebnis sein. Der Hund kann für längere Zeit oder sogar für immer erhebliche seelische Störungen davontragen. Durch entsprechende Verhaltensmaßnahmen des Halters unter Einbeziehung von Bachblüten lassen sich viele dieser Störungen erfolgreich beheben.

Die üblichen, an das entsprechende Alter des Hundes gekoppelte Verhaltensänderungen erweisen sich im Zusammenleben als recht störend. So kann aus einem selbstsicheren Welpen binnen kurzer Zeit ein Nervenbündel mit schwersten seelischen Schäden werden – wenn dieser Hund in die falschen Hände gerät.

Aber auch wer selbst keine sichtlichen Fehler in der Erziehung seines Hundes gemacht hat, wird erleben, dass sein Junghund zu Beginn des 5. Lebensmonats Schwierigkeiten bereitet. Er scheint sich etwas zurückzuziehen, was als normal zu bezeichnen ist und von dem Menschen toleriert werden sollte. Der Hund erkundet sein Zuhause nun auch alleine und ordnet sich in sein „Rudel" ein. Deutlichere Veränderungen treten dann im neunten Lebensmonat auf: Die meisten Hunde werden nun flegelhaft und benehmen sich wie Halbstarke. Man gewinnt den Eindruck, die bisherige Erziehung sei sinnlos geworden... War die Erziehung jedoch einfühlsam und korrekt, so hat sie trotzdem gewirkt, nur – gerade jetzt darf man keinesfalls locker lassen. Kleine unwichtige Dinge darf man einfach übersehen, alles was jedoch den Tagesablauf stören würde, wird bestimmt, konsequent und unnachgiebig unterdrückt. Bei den Vorfahren des Hundes, den Wölfen, verlässt das Jungtier mit 10 Monaten die Familie und geht auf Wanderschaft um dazuzulernen. Nun trennen sich auch die weiblichen Geschwister. Jede junge Wölfin zieht alleine los, die Rüden gemeinsam. Manch einer bleibt sogar bei den Alttieren. Bereits ab dem Alter von neun Monaten testen die Jungen langsam ihre Unabhängigkeit.

Unter diesen Gesichtspunkten kann man seinen jungen Hund besser verstehen. Er muss lernen, dass er eben ein „Nesthäkchen“ bleiben muss, ob er will oder nicht! Der kleine Rebell wird dies bald einsehen und dem Menschen etwas später sehr dankbar dafür sein. Die Annehmlichkeiten seines Familienrudels weiß er nämlich zu schätzen.

Wie gut die bisherige Erziehung wirklich war, zeigt sich viel später, so um den 18. Lebensmonat herum. In dieser Zeit entscheidet sich das weitere Zusammenleben zwischen Hund und Menschen. Wurden keine entscheidenden Fehler gemacht, so wird diese seelische Reifung des Hundes kaum auffallen, da alles weiterhin harmonisch abläuft. Lediglich das erwachsene und selbstsichere Auftreten des Hundes und die sicher wirkende Zusammengehörigkeit zeigen sich deutlicher.

Leider ist es häufig anders und aufgrund früheren Fehlverhaltens lehnt sich der Hund nun plötzlich auf. Bisher fügte er sich, strebt nun aber in die Rolle des Rudelführers. Da er im Familienrudel niemanden fand, der dieser Position würdig zu sein scheint, beginnen massive Dominanzkämpfe. Für den Hund ist eine Gruppe ohne disziplinierte Führung unvorstellbar, so dass er nun beginnt, seine Menschen zu „erziehen“. Im Haus selektiert er die Besucher so lange, bis ihm nicht willkommene Fremde kaum noch einen Besuch wagen. Beim Spaziergang bestimmt er den Weg. Werden seine Entscheidungen nicht akzeptiert, so zeigt er Aggressionen gegen seine „Rudelmitglieder“ – beginnend mit warnendem Knurren bis hin zu ersten Bissen. Dies hat jedoch mit Bösartigkeit nichts zu tun. Um sich in den Hund hineinzuversetzen: Er fühlt sich verantwortlich und ist der Meinung, dass seine Führung notwendig geworden ist. Ist es erst einmal so weit gekommen, so wird man einen solchen Leithund an jemanden abgeben müssen, der die Fähigkeit eines Rudelführers besitzt, nämlich eine starke Persönlichkeit mit Selbstdisziplin und Konsequenz und vor allem Hundeverstand- und –Erfahrung. Dort ist ein solcher Hund dann gerne bereit, wieder ein folgsamer Hund zu werden. Er wird sich nur dort wohl fühlen, wo er das Gefühl hat, sicher und gut aufgehoben zu sein.

Wenn also ein Hund an die Spitze seiner menschlichen Familie tendiert, so bedeutet dies einfach, dass er in ihr nicht die nötige Sicherheit gefunden hat und nun selbst erwachsen genug ist, um die Führungsrolle zu übernehmen. Kaum ein Hund wird jedoch mit dieser Situation glücklich sein – fühlt er sich gut geführt an unterer Rangposition doch viel wohler!

Bei dem eineinhalbjährigen Hund ist diese Sinnesveränderung noch relativ harmlos, er ist noch keinesfalls neurotisch oder gefährlich sondern tut nur das in seiner Natur liegende. Der Mensch hat dem Hund auch noch nichts Böses angetan, sondern war einfach nur viel zu weich im Umgang.

Problematischer ist es jedoch, wenn dem nun veränderten Verhalten des Tieres tatsächliche grobe Handlungen gegenüber dem Hund vorausgingen. Ein bislang ständig unterdrückter, gewaltsam erzogener Junghund ist nun durchaus in der Lage, bei einem vielleicht völlig nichtigen Anlass förmlich zu explodieren. Er könnte nun all die aufgestauten Aggressionen in übersteigerter Form plötzlich herauslassen. Handelt es sich um einen größeren Hund und sind keine hundeerfahrenen Helfer dabei, so kann ein solcher Ausbruch zu schweren Verletzungen führen. Auch Hunde, die in ihrer Jugendzeit durch diverse unerfahrene Hände gingen, mit ca. 1 Jahr zu ihrem jetzigen Besitzer kamen, der ihnen nie etwas Böses antat, können ebenso reagieren. Manchmal genügt hierfür bereits eine bestimmte Handbewegung, mit welcher der Hund etwas Unangenehmes verbindet um das Tier schier rasend werden zu lassen. Vor sogenannten „ausgebildeten Schutzhunden“ sollte sich daher ein unerfahrener Hundehalter hüten. Oftmals verbirgt sich hinter dieser Bezeichnung ein seelischer Krüppel.

Glücklicherweise sind derart heftige Ausbrüche relativ selten. Weit häufiger handelt es sich um fehlerzogene kleine Hunde, denen jeder Mensch kräftemäßig weit überlegen ist und die daher keine große Gefahr darstellen (es sei denn, ein solcher Hund „rastet aus“ während er mit einem Kleinkind alleingelassen wurde). In der Regel hört man, der Hund habe plötzlich „eine Macke“ oder Unart, die sich ganz plötzlich eingestellt habe. Der eine folgt nicht mehr so gut, der andere will plötzlich unbedingt ständig auf dem Sofa schlafen, der dritte öffnet sich alle Türen und streunt. Einer knurrt, wenn man sich seinem Futter nähert, ein anderer lässt sich nicht mehr bürsten...

Wenn der erwachsene Hund sich nicht so entwickelte, wie der Mensch sich das gewünscht hat, so liegt die Schuld nicht bei dem Hund. Meist sind es die Junghundeerlebnisse, die er mit anderen Menschen oder mit uns selbst hatte, die seinen jetzigen Charakter geformt haben. Bei manchen Hunden kann man eine weitere charakterliche Veränderung im dritten Lebensjahr feststellen, welche allerdings nicht mehr derart gravierend ausfällt.

Erfreulicherweise können viele dieser Verhaltensproblematiken durch die sanften Erziehungsmaßnahmen in Verbindung mit Bachblüten oder auch homöopathischen Heilmitteln aufgelöst oder zumindest verringert werden.

4.8 Der ältere Hund, so bleibt er fit!

Meist verlaufen die Jahre nach der aufregenden Welpen- und Junghundezeit relativ ruhig. Der Hund hat sich zu einem Familienmitglied entwickelt, gehört einfach dazu. Und plötzlich fällt es auf: Er kommt in die Jahre, kann oft nicht mehr so mithalten. Nun kommt eine Zeit, in der das ältere Tier wieder vermehrt auf unsere Unterstützung und Rücksichtnahme angewiesen sein wird. Ein langsames Umdenken wird nötig werden, die Planung des Tagesablaufes, eines Urlaubes oder Ausfluges muss auf den Hund abgestimmt werden.

Biologisch geht es mit einem Hund zwar ab dem siebten Lebensjahr bergab, aber ein Grufti ist er deshalb noch lange nicht.

Besitzer von älteren Hunden kennen das: Es gibt Tage, da hängt der Vierbeiner sie beim Wettlauf ab und tobt wie ein übermütiger Welpe über die Wiese. Und an anderen Tagen hat man Angst um ihn. Da fällt ihm jeder Schritt scheinbar schwer, er mag vielleicht gar nicht spazieren gehen oder spielen. Kreislauf-Aussetzer (Ticks) können eintreten. Aber selten zeigt sich das Alter plötzlich, meist überwiegen noch die guten Tage, auch wenn die Alters-Wehwehchen langsam zunehmen.

Bei großen Rassen beginnt das Altern sogar schon ab dem fünften Lebensjahr, die Lebenskraft lässt langsam nach. Meist geschieht das so schleichend, dass uns Menschen außer den ersten weißen Haaren am Kopf des Hundes nichts auffällt. Selten gibt es aber auch Hunde, die schlagartig alt werden. Wann genau der Zeitpunkt gekommen ist, kann man nicht voraussagen. Das ist bei jedem Hund anders, bedingt durch Rasse, Größe, Gewicht, Aufzucht- und Haltungsbedingungen und körperlicher Konstitution. Es gibt nur Erfahrungswerte, wann im Durchschnitt mit welchen Alterserscheinungen zu rechnen ist. So werden Hund in der Regel ab dem siebten Jahr ruhiger. Zu der verminderten körperlichen Aktivität kommt ein verlangsamter Stoffwechsel. Beides zusammen kann dazu führen, dass der Hund zunimmt, wenn seine Ernährung nicht umgestellt wird. Ob er einfach weniger Futter oder eine spezielle Diät benötigt, sollte der Tierarzt entscheiden. Ab dem achten Lebensjahr verringern sich Sehkraft und Hörvermögen. Doch dies irritiert Herrchen oft mehr als den Hund, der diese Mängel mit seiner Nase wettmacht. Mit neun Jahren können auch bei gepflegten Zähnen erste Stücke abbröckeln und ab zehn Jahren ist dann mit all den Zipperlein zu rechnen, die auch uns Menschen im Alter zu schaffen machen: Schnelles Frieren, erhöhte Infektionsanfälligkeit, empfindliche Haut, Atembeschwerden, Blasenschwäche, Osteoporose, Herz-, und Kreislaufschwäche. Nicht zu vergessen und für viele Halter recht anstrengend und nervenaufreibend ist der auch für den Menschen typische Altersstarrsinn.

Hier sollte man ab und zu geben und gewisse Nachlässigkeiten im Gehorsam nicht zu ernst nehmen.

Die häufigsten Todesursachen bei Hunden sind außer Unfällen Tumore, Herzkrankheiten und Nierenversagen. Ein älterer Hund sollte deshalb mindestens einmal pro Jahr gründlich von einem Tierarzt untersucht werden. Viele Altersprobleme sind mittlerweile durch Medikamente aufzuhalten oder zu verlangsamen. Manchmal genügt schon eine richtige Diät, damit der Hund sich wieder wohler fühlt.

Kann man Altersproblemen vorbeugen?

Ja! Was ein Hund frühzeitig gelernt hat, vergisst er sein ganzes Leben nicht mehr. Hat man dem Hund frühzeitig nicht nur Hörzeichen sondern damit verbundene Sichtzeichen (entsprechende Handbewegungen für bestimmte Kommandos) gelehrt, so lässt er sich auch bei nachlassender Hörfähigkeit kontrollieren und ist somit dann nicht an die Leine „gefesselt“.

Die körperliche Fitness ist nur die eine Seite eines alten Hundes. Dass auch das Gedächtnis und die Konzentration trainiert werden muss, wird häufig vergessen. Doch nur die geistig regen Hunde behalten trotz mancher Altersbeschwerden ihre Lebensfreude. Deshalb sollte auch der ältere Hund noch „Sitz“ machen, wenn er ein Leckerli möchte oder auf das Kommando warten, bevor er das Stöckchen holen soll. Die üblichen Spielzeiten sollten unbedingt beibehalten, jedoch der Kondition des Hundes angepasst werden. Sobald der Hund Müdigkeitserscheinungen zeigt, wird eine Pause eingelegt. Hierauf ist insbesondere zu achten, wenn das Laufen am Fahrrad zu den Hobbys von Herr und Hund gehört: Der Hund wird immer versuchen, seinem „Rudel“ zu folgen, so lange er irgend kann. Übersehen seine Besitzer Schwächeanzeichen, so kann dies zu plötzlichem Herz-Kreislaufversagen führen!

Wenn sein Mensch dafür sorgt, dass der Hund nicht überfordert wird, aber auch nicht einrostet, dann kann ein Hund auch mit 15 Jahren immer noch fit sein!

Das Hundealter

Es gibt keine generelle Formel zum Umrechnen der Hundejahre ins Menschenalter. Hunde verschiedener Größen und Gewichtsklassen altern unterschiedlich rasch. Die Tabelle zeigt die altersmäßige Entwicklung verschiedener Größen:

Chronologisch Gewicht

Alter	bis 10 kg	bis 20 kg	bis 40 kg	über 40 kg
5	36	37	40	42
6	40	42	45	49
7	44	47	50	56
8	48	51	55	64
9	52	56	61	71
10	56	60	66	78
11	60	65	72	86
12	64	69	77	93
13	68	74	82	101
14	72	78	88	108
15	76	83	93	115

5. FAMILIENRUDEL

5.1 Wieviel Benimm braucht der Hund unbedingt?

Im Zusammenleben von Mensch und Hund müssen von beiden Seiten Regeln beachtet werden. Eine sogenannte „Grundausbildung" des Hundes ist Voraussetzung für ein möglichst Stressfreies Miteinander. Schließlich möchte man sein Familienmitglied Hund ja auch möglichst überall hin mitnehmen können. Der schönste Spaziergang jedoch wird zum Spießrutenlauf, wenn der eigene Hund jeden vorbeikommenden Passanten fröhlich anspringt, jeden Radfahrer einfangen möchte und die Jogger an den Hosenbeinen ausbremst. Auch ein Restaurantbesuch macht wenig Spaß, wenn der Hund unter dem Tisch – sofern er überhaupt dort liegen bleibt – laut winselnd allen Gästen somit den Appetit verdirbt. Und erst der Besuch bei Freunden oder Bekannten – möglichst bitte ohne Hund, da er sonst vielleicht wieder die Pflanzen umgräbt, die Zeitungen oder das Kinderspielzeug zerfetzt oder gar die Wohnung verunreinigt.

Kann man den Hund kaum noch mitnehmen, stellt sich sogleich ein neues Problem: Zulange alleine lassen sollte man ihn auch nicht: Ein derart unerzogener Hund benimmt sich meist auch Zuhause nicht gerade vorbildlich. Und wer mag schon nach jedem Nachhause kommen die gesamte Wohnung wieder säubern und aufräumen, weil Bello wieder mal im Müll gewühlt, die Kissen zerfetzt oder die Katze derart tyrannisiert hat, dass diese sich nicht mehr vom Schrank herunter wagt?

Ein gewisses Maß an Hundeerziehung ist auch wichtig, weil der gut erzogene Hund glücklicher und ausgeglichener ist. Sein Besitzer kann ihm ein größtmögliches Maximum an Freiheiten gewähren, er wird überall gerne gesehen und darf daher auch an fast allem teilhaben, was sein „Rudel" unternimmt.

In dem Gefüge eines Familienrudels sollte der Hund stets an unterster Stelle stehen, was ihn durchaus nicht stört, sofern er sich der Führungsqualitäten seiner Herren sicher sein kann. Und diese können nur durch Konsequenz, Dominanz und Durchsetzungsvermögen seitens der Menschen hergestellt werden.

Die Erziehung des Hundes muss am ersten Tag des Zusammenlebens beginnen. Ein großer Fehler wäre es, dem Hund zunächst alle Freiheiten zu gönnen um zu einem späteren Zeitpunkt mit der Erziehung zu starten. Wenn er zunächst alles darf, kann er später nicht verstehen, warum er nun plötzlich gehorchen soll.

Der Entwicklungsstand eines 8 Wochen alten Welpen entspricht in etwa dem eines dreijährigen Kindes. Man muss ihn vom ersten Tag an erziehen, konsequent, aber nicht streng. Das gleiche gilt für den verunsicherten Hund aus zweiter Hand oder dem Tierheim. Bei diesen Hunden muss jedoch zunächst ein Berg an seelischem „Restmüll“ entsorgt werden, bevor die eigentliche Erziehung beginnen kann. Vor allem, wenn man das Vorleben eines Hundes nicht kennt, muss man ihm Zeit lassen, Vertrauen zu fassen, die Reaktionen des Hundes genauestens in allen Situationen beobachten und mögliche Ängste erkennen. Für den Anfang sollte man sich hier nur auf die wichtigsten Erziehungsgrundlagen wie Stubenreinheit und unausweichliche Verbote konzentrieren.

Einige Kommandos sollte jeder durchschnittliche Hund beherrschen: PFUI (für Dinge, die er niemals tun darf), KOMM (funktioniert mit Leckerlis fast immer), NEIN oder STOP (um von einer Handlung sofort abzulassen), SITZ (um den Hund kurzzeitig ruhig zu halten und seine Aufmerksamkeit zu wecken), PLATZ (um den Hund für längere Zeit an einem bestimmten Ort abzulegen), BLEIB (um sich vom Hund entfernen zu können); AUS (Gib, was du im Fang hast) und schließlich FUSS.

Zunächst sollte der Hund die Bedeutung eines Kommandos verstehen lernen, indem man den Befehl gibt, wenn er dessen Ausführung ohnehin gerade plant. Z.b. wenn der Hund sich anschickt, sich zu setzen: SITZ, wenn er auf einen zugelaufen kommt: KOMM usw. Eine Übung darf niemals abgebrochen werden, wenn sie nicht erfolgreich ausgeführt wurde. Hilfen mit Leckerlis und sanfter Nachdruck sind jedoch selbstverständlich erlaubt.

Anfangs sollte man im Haus üben. Liegt die Erfolgsquote bei ca. 90 Prozent, wird die Schwierigkeit gesteigert, indem man das gleiche Kommando im Freien übt, zunächst auf betonierten Flächen ohne ablenkende Gerüche und erst später in Gegenden, die der Hund als sehr spannende empfindet. Dort allerdings sollte der Hund vor den Übungen Gelegenheit haben, sich richtig auszutoben.

Zu jeder Trainingseinheit sollte man sich genügend Leckerlis einstecken – am besten in einer raschelnden Tüte. Die Leine sollte nicht zu kurz sein – eine Laufleine eignet sich für diese ersten Übungen nicht.

Aber auch die Qualität der Erziehung und des Erziehenden hat eine große Bedeutung. Hundeerziehung ist keine Spielerei sondern eine ernste Sache, bei der man auch unbewusst sehr viel falsch machen kann. Jedes Kommando muss gut durchdacht und mit einem stets gleichbleibenden Befehl untermauert sein. Ein einmal gegebenes Kommando muss unter allen Umständen durchgesetzt werden, was bedeutet: Kommandos nur dann geben, wenn eine reelle Chance besteht, dass diese befolgt werden oder man die Ausführung erzwingen kann. Hierzu muss der Hund in erreichbarer Nähe sein. Ruft man KOMM und er gehorcht nicht, dann hat er bereits gelernt, dass man dieses Kommando nicht unbedingt befolgen muss. Dies nennt man Autoritätsverlust. Man darf das KOMM also zunächst nur anwenden, wenn man in der Lage ist, den Hund bei Nichtbefolgung mit sanftem Nackenschütteln sofort zu strafen, er sich also in direkter Nähe befindet.

Wenn sich der Hund hartnäckig weigert, die Kommandos zu befolgen beginnt man wohl oder übel mit der Erziehung noch mal ganz von vorne mit SITZ und übt angeleint mehrmals täglich einige Minuten. Sobald eine Übung sich wieder gefestigt hat, geht man zur nächsten über – im Schwierigkeitsgrad ansteigend. Die Freilaufübungen wie KOMM, Sitz aus der Entfernung ect. folgen erst, sobald der Hund allen Kommandos an der Leine problemlos befolgt. Dies bedeutet unter Umständen für den Hund eine mehrtägige Leinenhaft, was sich aber nicht vermeiden lässt. Jeder erneute Fehlversuch bringt die Rangordnung und somit den anhaltenden Erziehungserfolg erneut ins Wanken.

Folgende positive Erziehungsmethoden sind ratsam: Lob, Spielen, Streicheln und Leckerlis.

An negativen Methoden sind vertretbar: Schimpfen, Drohen, am Nackenfell leicht (!)schütteln – wobei die Strafe unmittelbar nach der Tat erfolgen muss, damit der Hund den Zusammenhang verstehen kann.

Absolut unvertretbar sind Schläge oder lautes Anschreien des Tieres. Hierdurch drückt der Hundehalter lediglich seine Unsicherheit und Unerfahrenheit aus, ein Lernerfolg wird sich nicht einstellen. Eher im Gegenteil: Der Hund wird unsicher, bekommt Angst. Angst blockiert das Lernvermögen drastisch. Und wer von uns möchte schon, dass sein Hund ängstlich mit eingeklemmter Rute aus Angst vor Schlägen gehorcht? Uns allen ist es doch lieber, wenn der Hund freudig die Kommandos befolgt.

5.2 Die Rangordnung innerhalb der Familie

Meist wird der Hund sozusagen zwischen Mann und Frau harmonisch aufgeteilt: Die Frau füttert und kämmt ihn und beseitigt den Dreck, den er vom Spaziergang mit nach Hause bringt oder sein Häufchen im Garten. Der Mann übernimmt den abendlich letzten Spaziergang und spielt mit ihm. Kommt Herrchen abends nach

Hause, merkt man dem Hund vorab schon die Spannung an, bevor er ihn überschwänglich begrüßt. Ist Frauchen mehrere Stunden unterwegs, wird sie meist kurz beschnuppert und höflich wedelnd begrüßt. Oft gehorcht der Hund dem „Herr im Hause“ wesentlich besser als der Frau – und das obwohl sie doch den ganzen Tag mit ihm zusammen ist und ihn umsorgt.

Für diesen Hund stellt der Mann in diesem Falle – selbstverständlich ist es manchmal auch umgekehrt – das Rudeloberhaupt dar. Für ihn ist nur wichtig, dass einer der Gruppe das „Rudel“ eindeutig führt.

Es gibt jedoch auch viele Hunde, die mit jedem mitlaufen, der sie freundlich anredet. Dies sind oft seelisch verwahrloste Hunde, die vermutlich schon von klein auf durch viele Hände gingen. Sie neigen zum Streunen und haben gelernt, ihre Vorteile dort zu nutzen, wo sie sie vermuten. Auch Hunde, welche in einer Familie aufwuchsen, wo entweder niemand oder alle gleichzeitig an ihnen herumkommandierten, verlieren die Übersicht und können später keine feste Bindung eingehen. Jeder Junghund hat das Bedürfnis, sich an einer Bezugsperson zu orientieren, von der er den Eindruck hat, diese bekleide die ranghöchste Stellung. Findet er eine solche Person mit einem gefestigten und konsequenten Charakter, so schließt er sich ihr völlig an. Findet er keine derartige Person bis zum Alter von eineinhalb Jahren, so wird er versuchen, innerhalb seines Rudels selbst die Führung zu übernehmen – oder aber er versucht sich einer Person außerhalb dieser Gruppe anzuschließen. Solch ein Hund gilt als unfolgsam, landet im Tierheim und vielleicht irgendwann bei einem Menschen mit Hundeverstand. Dort kann er wie durch ein Wunder der bravste Hund sein, da er die Autorität gefunden hat, die er so lange suchte. Im fünften bis sechsten Lebensmonat eines Hundes entwickelt sich die Gefolgschaftstreue. Findet der Hund während dieser Zeit seinen „Herrn“ nicht, so bleibt diese Fähigkeit zum Anschluß offen. Hat er sich einmal angeschlossen, so gilt dies gewissermaßen für alle Zeiten. Kommt solch ein Hund später in andere Hände, ist er zwar in der Lage, sich neu anzupassen und wird auch eine neue Bezugsperson akzeptieren. Seinen einstigen Rudelführer jedoch wird er nie vergessen und dies sofort zeigen, wenn er nochmals einen Kontakt mit dieser Person erlebt. Hat der Hund jedoch noch keinen wirklichen Herrn gefunden, so kann er seinen aktuellen Besitzer sofort „vergessen“ sobald zwischen ihm und einem anderen Menschen z.B. auf der Straße „die Chemie stimmt“.

Das Fazit lautet, dass der Mensch, egal ob Mann oder Frau die Fähigkeiten eines Rudelführers in sich tragen bzw. erlernen muss, damit ihm sein Hund bedingungslos folgt und sich ihm problemlos unterordnet.

Dem Welpen Disziplin und dem Junghund Gehorsam beizubringen sollte daher einzig und allein die Aufgabe des künftigen „Rudelführers“ sein. Ehepartner müssen sich in der Erziehung einig sein und keinesfalls dürfen Kinder an dem jungen Hund herumerziehen! Eine Familie ist in der Hundeerziehung nur dann wirklich erfolgreich, wenn die Aufgaben in der Gruppe abgesprochen sind und den Hund nicht durch widersprüchliche Kommandos verwirren. Um eine zu starke Fixierung auf ein Familienmitglied zu vermeiden, sollten Ehepaare häufig gemeinsam mit dem Hund spazierengehen und mit ihm spielen. Das Hin- und Herschicken von einem Partner zum anderen macht dem Hund viel Spaß und fördert den Gehorsam zur „zweiten“ Bezugsperson. Mit Kindern sollte ein ähnliches Training folgen, sobald sie ca. 8 Jahre alt sind. Trotzdem sollte man immer eine gewisse Vorsicht walten lassen, wenn Kinder mit dem Hund alleine sind. Besonders bei einem großen Hund können hier durchaus Probleme auftreten, wenn das Tier sich nicht hundertprozentig mit seiner rangniedrigsten Stellung im Rudel abfindet.

Auch wenn ein Miteinbezug der übrigen Familienmitglieder z.B. aufgrund des Alters der Kinder nicht möglich ist, so wird der Hund die anderen doch nicht ablehnen. Wenn nötig, wird er sie stets beschützen und verteidigen. Er gehorcht nicht unbedingt, sondern nur wenn es ihm gerade passt, seine Loyalität ist jedoch gesichert. Zu seinem Rudel gehören eben alle zur Familie gehörenden Personen.

5.3 Die Kastration

Leider sträuben sich noch immer viele Hundehalter gegen eine Kastration ihres Tieres.- Besonders Männer sträuben sich dagegen...!!! Sofern der Hund oder die Hündin nicht zur Zucht vorgesehen ist, bietet dieser harmlose Eingriff jedoch tatsächlich ausschließlich Vorteile. Schließlich sollte sich jeder Skeptiker bewusst machen, dass sein Rüde seinen sexuellen Bedürfnissen in keinster Weise nachkommen darf. Er leidet jedoch enorm, wenn sich läufige Hündinnen in seiner Umgebung befinden. Auch Rüden, die laut Angaben ihrer Besitzer angeblich keinerlei Aufregungen zeigen, unterdrücken diese lediglich und werden unbewusst einem massivem Stress ausgesetzt. Ohne die Hormontätigkeit hat der Rüde die Möglichkeit, ein völlig gelassenes, Stressfreies Leben zu führen. Sobald der Konkurrenzkampf um mögliche Sexualpartner ausbleibt, laufen auch die Kontakte mit Artgenossen ruhiger und weniger spannungsgeladen ab. Besitzer einer Hündin sind diesbezüglich glücklicherweise einsichtiger, wer möchte sich auch schon ungeplant mit einem Wurf Welpen wiederfinden? Rüdenbesitzer werden manchmal in ihrer Meinung bekehrt, sobald ihr streunender Hund eine läufige Hündin der Nachbarschaft gedeckt hat und hohe Kosten in Form von Tierarztrechnungen drohen.

Bei einer Kastration werden beim Rüden die Hoden und bei der Hündin die Gebärmutter entfernt. Eine Sterilisation beinhaltet lediglich das Durchtrennen der Samen- bzw. Eileiter; eine Verhaltensänderung ist hiermit nicht verbunden. Um eine Verhaltensänderung herbeizuführen und eventuellen späteren Problemen vorzubeugen empfiehlt sich eine Kastration kurz vor der Geschlechtsreife. Immer mehr Tierärzte gehen dazu über, auch Hündinnen kurz vor der ersten Läufigkeit, spätestens kurz danach zu kastrieren.

In der Verhaltenstherapie der Hunde spielt die Kastration eine enorm große Rolle. Viele Probleme bezüglich der Dominanz, Streunen oder Aggressionsstörungen gegen Mensch und besonders gegen fremde Rüden ließen sich durch frühzeitige Kastration gänzlich verhindern. Aber auch spätere Kastrationen bringen meist den gewünschten Erfolg bzw. wirken stark unterstützend bei der Verhaltensänderung.

Wird der Rüde vor der Geschlechtsreife kastriert, so bleibt er zeitlebens ein wenig kindlicher und verspielter. Sollen Aggressionsprobleme therapiert werden, so sinkt die Erfolgsrate mit zunehmenden Alter. Die hormonelle Umstellung und damit verbundene Verhaltensänderung kann bis zu einem halben Jahr dauern. Von der Kastration alleine wird kein Hund dick und faul. Während der Hormonumstellung sollte die Futtermenge sowie Gabe von Leckerlis leicht reduziert und auf genügend Bewegung geachtet werden.

Die Kastration der Hündin unterbindet in erster Linie die Läufigkeit samt ihrer lästigen Nebenwirkungen. Nur sehr wenige kastrierte Hündinnen beginnen im Alter mit Harnträufeln. Als positiv hat sich erwiesen, dass es bei kastrierten Hündinnen deutlich weniger Gebärmuttererkrankungen auftreten. Über die Schädlichkeit von läufigkeitsunterdrückenden Spritzen streiten sich die Tiermediziner. Gebärmuttervereiterungen kommen leider häufiger vor.

Erfolgt die Kastration nach der Geschlechtsreife, so bleibt die Arbeitstauglichkeit z.B. für den Schutzdienst voll erhalten. Blindenführhunde zum Beispiel werden in der Regel im Alter von 1 Jahr kastriert.

5.4 Wenn's drauf ankommt, gehorcht er nicht!

Was macht man mit einem Hund, der zwar zuhause brav und gehorsam ist, draußen aber außer Rand und Band gerät?

Zuhause ist es ein richtiger Bilderbuch-Hund: Er liegt gesittet in seinem Körbchen, wartet bis er gerufen wird, gibt auf Wunsch jedem Besucher die Pfote und trollt sich auf die leiseste Mahnung seines Besitzers an seinen Platz. Er bettelt nicht, ist zwar wachsam aber kein Kläffer. Und noch niemals wurde in Wohnung oder Garten auch nur die Spur einer Pfütze oder eines Häufchens gefunden. Kurzum – der Hund macht seinen Besitzern nur Freude.

Solange er sich in den eigenen vier Wänden aufhält. Kaum aber, dass die Gartentür hinter ihm und seinen Besitzern zuschlägt, verwandelt er sich in ein regelrechtes Monster. Er zerrt an der Leine, schleppt sein Herrchen bzw. Frauchen hinter sich her, bleibt ruckartig stehen, um einen besonders interessanten Geruch ausgiebig zu untersuchen. Wenn die beiden endlich im Park sind und der Hund abgeleint wird, ist er auch sofort verschwunden. Radler, Jogger, andere Hunde – alles ist ihm willkommenes Jagdobjekt. Aus den Mülltonnen wird allerlei Unrat durch die Gegend gezerrt, mit einem Riesensprung stürzt er sich in den Ententeich und lässt die Passanten an dem erfrischenden Bad teilhaben, wenn er sich an Land angekommen genüsslich schüttelt. Und wie so oft fragen sich seine Besitzer: Warum nur will er so gar nicht hören?

Die Antwort könnte ihr der Hund sofort geben, wenn er nicht auch für diese Frage schon taube Ohren hätte. Wie so viele Hunde hat er das „Ich hole mir was ich will“ Syndrom, eine Unart, deren erste Symptome immer die gleichen sind: Zuhause ist der Hund brav, draußen macht er was er will. Und wie immer ist der Mensch schuld, der Hund handelt nur folgerichtig.

Da kommt ein süßer Welpe ins Haus und alles dreht sich um ihn. Das tapsige Pfötchen geben ruft Entzücken hervor, beim Einschlafen wird er gestreichelt, beim Aufwachen sofort ins Freie gelassen, damit er sich entleeren kann. Alles in allem ein Paradiesisches Welpen-Leben.

Dann lässt langsam das Schlafbedürfnis nach, der Kleine wird mobiler und weil er sich ja austoben soll, fordert man ihm beim Gassigehen zu wildem Herumtoben auf: „Los, lauf, da die anderen Hunde!“, so lange, bis er müde ist und sich Zuhause zufrieden einrollt.

Langsam aber sicher formt sich in der Hundeseele: Die Wohnung ist zum Schlafen, Fressen, Schmusen und Sich verwöhnen lassen da, ansonsten langweilig. Das wirkliche Leben beginnt draußen vor der Türe. Da locken Abenteuer, da ist er gefordert, da gilt es, Feinde zu vertreiben und Opfer zu jagen. Schade, dass der Mensch nicht mithalten kann, zu zweit wäre es noch schöner. Und mit jedem Spaziergang verstärkt sich diese Hunde-Überzeugung.

Was man dagegen tun kann?

In jedem Hund schlummert ein temperamentvoller Jäger und Verfolger. Man kann dieses „Talent“ nicht unterdrücken, nur in die richtigen Bahnen lenken, indem man noch einmal ganz von vorne anfängt. Andere Ausgehzeiten, einen neuen Weg, eventuell ein neues Halsband und eine neue, möglichst lange Leine. Dies erhöht, weil ungewohnt, die Aufmerksamkeit des Hundes. Der Hund bleibt an der Leine und es wird losmarschiert, mal langsam, mal schnell, mal bleibt man stehen, ein anderes mal dreht man um. Dies verwirrt ihn natürlich und vielleicht schaut er einen jetzt mitleiderregend an. Schauen sie weg! Man sollte wenigstens 5 Minuten lang darauf bestehen, dass der Hund sich dem eigenen Tempo und Richtung anpasst.

Erst nach der Arbeit kommt das Vergnügen

Mit einem Ball oder anderem Spielzeug leitet man die Freilaufphase – möglichst außerhalb der Sichtweite anderer Hunde, in einer fremden Umgebung – mit einem kleinen Spiel ein. Wenn er nie gelernt hat, zu apportieren, erfolgen einfache Übungen wie „Sitz“, bevor er laufen darf. Alle drei bis vier Minuten ruft man ihn zu sich, streichelt oder belohnt ihn, wenn er gehorcht und lässt ihm wieder kurz seine Freiheit.

Solche Übungsspaziergänge dauern länger als die normalen. Es ist viel Geduld, Humor und eine Menge Belohnungsmaterial nötig. Auch wenn anfangs nur kleine Fortschritte zu bemerken sind. Schließlich hat der Hund ja auch lange genug gebraucht, um sich seine Unarten anzutrainieren. Er wird sie nicht von heute auf morgen ablegen. Aber er wird Schritt für Schritt seinem eigenen Ideal näherkommen: gemeinsam mit seinem Besitzer etwas zu unternehmen, indem er sich diesem anpasst – und nicht umgekehrt.

5.5 Wie lernt der Hund Gehorsam ohne Zwang?

Was tun, wenn der vierbeinige Freund nur dann gehorcht, wenn er will; wenn er sich stets viel zu weit entfernt und bei Ablenkung z.B. durch andere Hunde, gar nicht mehr reagiert? Kaum etwas ist dem Halter peinlicher als sein davon stürmender Hund. Einem Welpen sieht man solches Fehlverhalten noch nach, von einem erwachsenen Hund wird dagegen ein gewisser Gehorsam erwartet, vor allem in Gefahrensituationen (z.B. ein nahendes Auto) sollte man sich auf seinen vierbeinigen Freund verlassen können.

Falsche und richtige Methoden

Nun ist vor allem überlegtes Handeln wichtig. Der größte Fehler in einer solchen Situation – und man sieht dies leider immer wieder: Herrchen oder Frauchen rennt wütend schimpfend hinter dem Hund her und wenn der Ausreißer endlich eingefangen wurde wird er kräftig geschimpft und gestraft. Diese Reaktion ist in jedem Falle grundverkehrt. Der Hund wird die Bestrafung nicht verstehen, da kein Bezug zu der „Tat" vorhanden ist. Im Gegenteil: Es kann passieren, dass er das nächste Mal noch weiter flüchtet, sobald er Herrchen / Frauchen bemerkt.

Die einzig sinnvolle Bestrafung müsste im Moment des Weglaufens erfolgen – z.B. durch Werfen einer Wurfkette (die man meist im Gras nicht mehr wiederfindet) oder z.B. einer mit Steinchen gefüllten Blechdose. Der Wurfartikel darf jedoch keine Verletzungen verursachen, ein Schlüsselbund z.B. ist ungeeignet. Labile Hunde sind oft derart beeindruckt, dass bald schon ein leises Klappern genügt. Bei etwas selbstbewussteren oder dominanteren Kandidaten wird man auch mit dieser Methode wenig Erfolg haben.

Bei einem ungehorsamen Hund hilft dauerhaft nur eines: Die Bindung zum Besitzer muss verstärkt werden, da ansonsten weitere Unterordnungsprobleme auftreten werden. Es darf keinesfalls mit Zorn oder Gewalt reagiert werden, da der Hund nicht aus Furcht gehorchen soll. Unerwünschtes Verhalten wird möglichst ignoriert, erwünschtes Verhalten wird ausgiebig belohnt.

Die sanften Methoden sind besonders zu empfehlen

Geradezu Wunder bei zu selbständigen Hunden wirkt eine raschelnde Tüte mit Leckerlis oder sogar Wurststückchen. Gehorcht der Hund sofort, bekommt er eine Belohnung und wird ausgiebig gelobt. Er wird den Ruf seines Herrchens bald mit der Belohnung in Verbindung bringen. Gehorcht er nicht, greift man zu dem für das Rudeltier Hund beeindruckendsten Mittel: Umdrehen und in die entgegengesetzte Richtung davongehen! Wer einmal diese völlig „erstaunte" Mimik eines derart verlassenen Hundes beobachtet hat ist von der Wirksamkeit dieser Therapiemethode überzeugt: Plötzlich kommt Herrchen nicht mehr hinterhergelaufen sondern verlässt ihn einfach. Bei den meisten Hunden ist der Rudeltrieb so stark ausgeprägt, dass er schnellstens hinterhergelaufen kommt. Selbstverständlich darf nun die Belohnung nicht vergessen werden!

Bei ganz hartnäckigen Vierbeinern kann man als Steigerung noch das Versteckspiel anwenden. Gehorcht der Hund nicht, versteckt sich der Besitzer z.B. hinter einem Baum/Strauch. Ist kein geeignetes Versteck in der Nähe, flach hinlegen!

(schmutzige Kleidung kann man waschen aber verpasste Erziehungsversuche verschärfen das Problem).

Diese Maßnahme darf jedoch nicht in der Nähe einer befahrenen Straße ergriffen werden – wo der Hund sowieso angeleint sein sollte. Selbst der größte „Dickkopf“ könnte in Panik geraten, wenn sein `Rudel` plötzlich verschwunden ist. Bei dieser Gehorsamsübung sollte der Hund unbedingt beobachtet werden, damit man sieht, wohin er sich bewegt. Mein eigener Hund Paco – ein sehr schwieriger Fall – lief bei dem ersten Versuch dieser Art sofort ohne zu zögern und schnurstracks auf meiner Spur zurück, was ich hinter dem Busch nicht sah. Ich wartete und wartete in der Gewissheit, er würde mich suchen und finden Paco jedoch hatte den Spieß umgedreht: Nach einstündiger aufgeregter Suche meinerseits fand ich ihn Zuhause schlafend vor der Haustür.

Eine vernünftige Kombination der verschiedenen Möglichkeiten führt am ehesten zum Ziel. Es soll auch schon Erfolge mit der sog. Such- oder Laufleine gegeben haben. Die Handhabung dieses 10-20 m langen dünnen Seiles ist jedoch recht schwierig und umständlich. Generell sollten zu den reinen „Komm“-Übungen auch andere – irgendwann evt. schon einmal gelernte Kommandos wieder aufgefrischt werden. Zwischendurch „Sitz“, „Platz“, „Fuß“ abwechselnd z.B. mit Stöckchenwerfen machen den Spaziergang für Hund und Herrchen interessanter. Mit jeder gelungenen Übung – auch zuhause in Wohnung oder Garten – wird sich der allgemeine Gehorsam des Hundes verbessern. Er wird seinem `Rudelchef` gerne folgen und das Gassigehen wird wieder zu dem was es sein soll: Spaß und Entspannung für beide.

Wenn Gehorsam nur aus Angst besteht

Nicht erstrebenswert ist dagegen ein Hund, welcher ständig dicht bei Fuß geht und sich gar nicht mehr traut, einmal eigene Erkundungen in einigen Metern Entfernungen anzustellen. Ein solcher Hund wurde mit ziemlicher Sicherheit mit zu großer Strenge und Härte zu diesem „Gehorsam“ erzogen. Dies hat jedoch nichts mit dem wünschenswerten Gehorchen zu tun: Der Hund sollte sich in einem gewissen Radius frei bewegen dürfen, auf Ruf sollte er jedoch zu seinem Besitzer kommen – ohne Angst!

Aber falls etwas mitten auf dem Acker besonders gut riecht, könnte auch Herrchen oder Frauchen mal ein wenig Geduld zeigen... und auch das Spielen mit anderen Hunden sollte unbedingt erlaubt sein. 15 min. lustiges Toben ist für den Hund weitaus befriedigender als 1 Stunde neben dem Besitzer her zu trotten – und richtig müde ist er hinterher auch.

5.6 „Der Klügere gibt nach“ – oder das Ziehen an der Leine

Jede Anleitung sollte logisch und verständlich sein. Auch die „Erziehungsanleitung“ für den Hund ist beides. Allerdings gilt dies meist nur für die Hundeseele. Wir Menschen mit unserem großen Denkvermögen und unseren Gefühlen lesen meist zu viel „zwischen den Zeilen“ und verfallen daher stets wieder in die gleichen Fehler:
Viele Hundebesitzer scheitern schon bei der sogenannten „Leinenführigkeit“. Eines der ersten Ziele zur Beginn der Erziehung sollte sein, dem Hund der sich allzu sehr ins Zeug legt, das kräftezehrende, ungesunde Zerren an der Leine zu verleiden.

Der erste Fehler beginnt meist bereits bei dem ersten Spaziergang. Jeder Hund wird zunächst einmal an dem ungewohnten Strick ziehen und zerren. Es ist nur verständlich, dass wir Menschen ihn mit leichtem Zupfen an der Leine und ermahnenden Worten hiervon abbringen wollen. Aber dies ist falsch. Denn der Hund gewöhnt sich an diese Minirucke sofort und die Mahnworte seines Besitzers sagen ihm höchstens, dass dieser sich unsicher fühlt. Die Bedeutung der Worte kann er nicht verstehen und kennt deren Bedeutung nicht, nur die Stimmung teilt sich ihm mit. Beim nächsten Mal wird der Ruck stärker, das Schimpfen lauter und entschiedener – auch daran gewöhnt sich der Hund, so lange, bis er schließlich auch durch noch so heftiges Zerren nicht mehr zu belehren ist. Seine Halsmuskulatur hat sich durch das ständige „Training“ so gestärkt, dass er fast unempfindlich gegen die Rucke geworden ist. Das wütende Schimpfen überhört der Hund nun, da er sich auch hieran durch die allmähliche Steigerung langsam gewöhnen konnte. Auch die häufig durch Hundetrainer und –vereine propagierten Leinenrucke und kräftiges Ziehen am Halsband haben negative Auswirkungen auf die Halswirbelsäule, auf Luft- und Speiseröhre und können hier erhebliche Schäden verursachen. Außerdem können Rückenbeschwerden hervorgerufen werden. Manch ein verzweifelter Hundebesitzer greift nun zu einem der Hilfsmittel, welche vielfach leider immer noch sogar in manchen Hundeschulen eingesetzt werden: Die sogenannten Stachel- oder Würgehalsbänder. Dass hierdurch das Problem nicht gelöst werden kann, sollte auch einem Laien einleuchten, da die Ursache des Ziehen und Zerren nicht beseitigt wird. Hierdurch lernt der Hund nur, dass er einen brutalen Besitzer hat und auf einen Schmerz hin folgt instinktiv die Flucht nach vorne. Daher sind derartige Methoden grundsätzlich als Tierquälerei abzulehnen, da auch angebliche „Erfolge“ nur kurzzeitig sind.

Wer möchte schon einen Hund, der nur aus Angst vor Schmerzen oder Strafe in Demutshaltung einigermaßen brav „bei Fuß“ geht?

Kopfhalfter sind zwar wirkungsvoll jedoch nicht jedermanns Sache. Bei einem Geschirr verlagert sich der Druck beim Ziehen auf die Brustmuskeln und der Hund wird ebensowenig wie zuvor bei Fuß gehen sondern weiterhin mit aller Kraft ziehen.

Die gewaltfreie Methode zur Leinenführigkeit
Der Hund soll den Weg des geringsten Widerstandes an unserer Seite von selbst finden!

Um ihm hierbei zu helfen, suchen wir eine Wiese oder einen leeren Parkplatz auf und befestigen eine 5-10 m lange Leine am Halsband. Eine Rollleine ist ungeeignet, eine sogenannte dünne Feldleine nur bedingt geeignet. Die beste Lösung ist eine breite Leder- oder Nylonleine, wobei man notfalls auch mehrere „normale" Leinen aneinander befestigen kann. Nun geht man 15-20 Schritte geradeaus und beachtet seinen Hund nicht. Er wird weder angesprochen, gerufen noch gelobt o.ä. Man bleibt einen Moment stehen – der Hund wird den Besitzer vermutlich kaum beachten und weiterhin herumschnuppern. Dann geht man im Winkel von 90 Grad nach rechts weiteren 20 Schritten. Das Schnuppern wird jäh unterbrochen und der Hund muss notgedrungen folgen. Der leichte Ruck an der Leine wird nicht schmerzhaft, jedoch für den Hund unangenehm sein, da er ihn aus seiner Beschäftigung herausreißt.

Das Wichtigste an dieser Übung: **Es wird kein Wort gesprochen**, völlig egal, wie sich der Hund anfangs verhält, egal wie sehr er sich in der Leine verheddert! Er wird wortlos aus dem Gewirr befreit. Auf diese Art und Weise geht man mehrmals ein Quadrat von 20 Schritten pro Seite im Uhrzeigersinn.

Wie wirkt diese Übung auf den Hund?
Solange der Hund nicht auf sein Herrchen/Frauchen achtet, ruckt es leicht am Hals oder er verwickelt sich in die Leine. Da er nicht geschimpft bekommt, merkt er, dass niemand auf ihn böse ist, dass auch niemand ihn strafen wollte sondern dass er selbst für diese Unannehmlichkeiten verantwortlich ist. Die logische – auch für einen Hund einfach nach zu vollziehende Lösung des Problems: Er alleine kann diesem Ruck also auch ausweichen und das lästige Sich-Verheddern vermeiden indem er sich auf den Leinenführer konzentriert. Der Hund lernt schnell aus seinen eigenen Fehlern und wird versuchen, diese zu vermeiden!

Die weitere Vorgehensweise:
Je mehr der Hund auf den Halter achtet, desto kürzer wird die Leine gefaßt. Die Aufmerksamkeit des Hundes wird lediglich aus den Augenwinkeln heraus kontrol-

liert. Nach wie vor wird nicht gesprochen, der Hund wird nicht ermahnt und nicht gerufen! Auch direkter Blickkontakt sollte vermieden werden.

Die Übungen sollten täglich 2-3 mal, niemals länger als 15 Minuten ausgeführt werden. Mit Welpen und Junghunden übt man aufgrund der geringeren Konzentrationsfähigkeit maximal 5-10 Minuten.

Nach einigen Tagen wird der Hund brav, selbstbewusst und ohne Angst neben seinem Führer gehen – intensiv darauf bedacht, dem Menschen von sich aus zu folgen.

Falls es später nochmals Rückfälle geben sollte, wird die Übung sofort wieder aufgefrischt und der Hund wird sich wieder daran erinnern, wie man ordentlich an der Leine geht.

5.7 Komm – das wichtigste Kommando

Jeder Hund kommt auf Ruf, wenn er weiß, dass er gemeint ist. Kommt er nicht, liegt es häufig daran, dass er verkehrt gerufen wird und gar nicht weiß, was sein Herrchen / Frauchen von ihm erwartet.

Fast jeder Hundebesitzer hat sich auch schon einmal die Seele aus dem Leib geschrien, um seinen Vierbeiner herbei zu zitieren, während um ihn herum amüsierte Spaziergänger auf den Ausgang des Spektakels warteten. Oder man kramt sämtliche Leckerlis aus den Taschen und stößt alle möglichen Kosenamen aus, nur um den eigenen Hund aus dem Pulk spielender Hunde heraus zu lotsen. Neidisch bemerkt man dabei, wie Nachbars Hund auf den Pfiff seines Herrchens alles stehen- und liegenlässt, um zu ihm zu laufen. Diese düsteren Augenblicke eines Hundebesitzers müssen nicht sein. Denn jeder Hund wünscht sich eigentlich, seinem Herrn zu folgen, da er ein Rudeltier ist. Gehorcht er auf den Ruf nicht, so hat er (aus seiner Sicht) Recht. Kein Hund wird lernen, wie ein Mensch zu denken, also müssen wir Menschen lernen, wie unsere Hunde zu denken. Hunde sind Logiker, die sich Situationen fest einprägen und mit positiven oder negativen Erfahrungen verknüpfen. Wenn der Hund nach jedem Spaziergang gerufen, angeleint und nach Hause geführt wird, verbindet er den Ruf mit dem Negativ-Erlebins: „Der Spaziergang ist leider zu Ende“. Die einzige Möglichkeit, den Spaß zu verlängern, besteht für ihn darin, erstmal nicht oder möglichst spät zu gehorchen.

Das beste Mittel dagegen ist, ihn häufig zwischendurch zu rufen, stets zu loben und gelegentlich mit einem Leckerchen zu belohnen. Manchmal wird er dann auch kurzzeitig an- und dann wieder abgeleint.

Der zweite und häufigste Fehler der Hundebesitzer – wobei für den Hund eine Welt zusammenbricht - liegt darin, den Hund welcher die ersten 3-4 Rufe „überhört“ hat und dann doch endlich kommt, zu beschimpfen oder gar zu bestrafen. Dieser endlich freudig herbeirennende Hund, gut gelaunt und schwanzwedelnd, wird von einem wütenden Herrn empfangen, dessen Haltung und Gestik genau seinen Zorn ausdrückt. Die Folge: Der Hund bekommt Angst und zeigt dies durch eingezogenen Schwanz und eine geknickte Haltung (Dies drückt kein schlechtes Gewissen sondern schlicht Angst aus!). Daraufhin wird er womöglich auch noch bestraft. Nun versteht er gar nichts mehr. Schließlich hat er genau das getan, was von ihm verlangt wurde und wird dafür gescholten! Beim nächsten Mal wird er vermutlich noch länger zögern, da er bei seiner Ankunft ein erneutes Donnerwetter erwartet.

Welchen Grund sollte der Hund haben, dem Ruf seines Herrchens sofort zu folgen, wenn sowieso Ärger zu erwarten ist?

Immer wenn der Hund kommt, muss der Besitzer Freude zeigen – egal wie oft er vorher nicht gehorcht hat.

Ein weiterer Grund, der den Hund daran hindert, auf den Ruf zu reagieren ist die Abstumpfung durch häufiges Nennen seines Namens. Dies zeigt dem Hund: „Prima, mein Rudelführer hält Rufkontakt zu mir, so dass ich weiß wo er sich befindet. Ich kann in Ruhe meiner Wege gehen“.

Korrekturmöglichkeiten:
Immer nur einmal rufen! Kommt keine Reaktion, läuft man zügig in die entgegengesetzte Richtung oder – noch besser – versteckt man sich. Diese Methode verlangt Durchhaltevermögen und Geduld und sollte nicht in der Nähe von befahrenen Straßen durchgeführt werden. Denn es kann dauern, bis der Hund das Verschwinden bemerkt. Er wird – ob nach sofortiger Aufnahme der Spur oder erstmaligem ziellosen panikartigem Suchen – ehrlich erleichtert sein, Herrchen oder Frauchen wiederzufinden. Und schon beim nächsten Mal wird er etwas schneller reagieren. Besonders gute Erfolge erzielt man mit dieser Methode in fremder Umgebung – hier sollte man den Hund allerdings unbeobachtet im Blick behalten, da nicht jeder ein perfekter Suchhund ist und evtl. in die falsche Richtung losstürmen könnte.

Auf keinen Fall dem Hund hinterherlaufen!

Eine derartige Verfolgungsjagd wird immer missverstanden: und zwar als herrliches Spiel, wobei der Verfolgte leicht dafür sorgen kann, dass der Abstand zum Verfolger sich nie verringert. Vier Beine sind eben schneller als zwei! Solch eine Jagd kann den Besitzer ganz schön in Wut versetzen, die hinterher keinesfalls zum Ausbruch kommen darf!

Bei besonders hartnäckigen, freiheitsliebenden Hunden ist der Besuch einer guten Hundeschule oder die Konsultation eines Tierpsychologen empfehlenswert. Erfahrene Hundetrainer kennen diverse (sanfte) Möglichkeiten, den Gehorsam zu korrigieren, so dass künftige Spaziergängen harmonischer und stressfreier – für Hund und Halter – ablaufen können.

5.8 Radfahren mit Hund – aber richtig!

Hunde dürfen am Fahrrad gemäß der Straßenverkehrsordnung mitgeführt werden, wenn hierdurch der Verkehr nicht gefährdet wird. Der Hund sollte stets rechts, also auf der Seite des Fußgängerweges geführt werden – und ist selbstverständlich im Straßenverkehr angeleint! Die Leine sollte frei in der rechten Hand gehalten werden – keinesfalls um die Hand oder den Lenker wickeln! Im Notfall wäre es sonst nicht mehr möglich, einen Sturz zu verhindern. Die Länge der Leine sollte so berechnet werden, dass der Hund neben dem rechten Bein des Fahrers läuft und nicht vor oder hinter das Rad gelangen kann.

Mittlerweile sieht man sie häufig: Die „Springer“. Dies ist eine Haltevorrichtung, die direkt mit dem Rahmen verbunden wird. Der Hund wird mittels eines kurzen Nylonseils an einer großen Feder befestigt. Dadurch hat man beide Hände frei für Lenk- und Bremsbewegungen und Rucke durch den Hund werden ausgeglichen. Der Hund sollte kein Halsband, sondern ein Geschirr tragen und langsam an diese Art des Radfahrens gewöhnt werden.

Die ersten generellen Übungen am Fahrrad sollten frühestens mit einem Junghund ab 5-6 Monaten durchgeführt werden. Anfangs wird das Rad geschoben und der Hund auf der gegenüberliegenden Seite geführt. Langsam lernt der Hund neben dem Fahrrad zu laufen – besonders mit dem Springer ist das Training einfach, da ein hastiges Weg springen des Hundes vermieden und durch die Feder ausgeglichen wird.

Wann immer möglich, sollte der Hund frei laufen dürfen. Als sinnvoll hat es sich erwiesen, dass der Hund ein Kommando fürs freie Laufen neben dem Rad (z.B. „Ans Rad“) kennt und nur auf Kommando herumtollt. Auch beim Fahrradfahren muss der Hund Gelegenheit haben „Zeitung zu lesen“, also ausgiebig zu schnüffeln. Das Tempo sollte ein lockerer Trab sein und der Hund darf keinesfalls überfordert werden. Verringert der Hund das Tempo, so muss der Halter unbedingt sofort hierauf eingehen und bei nächst möglicher Gelegenheit wieder eine kurze Freilauf- und Verschnaufpause einlegen. Auch kleine Hunde können neben dem Rad laufen – für weitere Strecken sollte man dann aber ein Körbchen mitführen. Die Mittagshitze sollte man meiden, da sich schon manch lauffreudiger Hund im Eifer übernommen und einen Hitzschlag erlitten hat. Auf asphaltierte Wege sollte man möglichst verzichten, da sich hierbei die Hunde – besonders bei großer Hitze – die Pfoten wund laufen können. Hunde großer Rassen unter einem Jahr dürfen nur langsam und mäßig am Fahrrad trainiert werden, um Schädigungen des Bewegungsapparates zu vermeiden.

5.9 Wichtig und oft vergessen: Spielen mit dem Hund

Spielen ist eine unschätzbare Hilfe bei der Erziehung – nicht nur eines jungen Hundes. Spiel bedeutet den wichtigen Kontakt zwischen Mensch und Hund herzustellen und ist auch eine wichtige Therapie bei vielen Verhaltensstörungen. Im Spiel baut sich Vertrauen auf – wenn man es richtig macht. Besonders wichtig ist das gemeinsame Spielen für Hunde, die mehrere Stunden am Tag alleine bleiben müssen. Beim richtigen Spiel lernen sie unter anderem, sich auch einmal alleine zu beschäftigen.

Das Spielen in der Erziehung

Ebenso wie kleine Kinder brauchen Welpen enorm viel Zuwendung, um sich zu „normalen“ Hunden zu entwickeln. Für den Welpen hat das Spiel zunächst keinen ernsthaften Sinn, ein Spielzeug wird nur so herumgetragen oder er versucht, seinen Schwanz zu fangen. Spielen fördert die natürliche Neugier auf alles Neue, auf Dinge und Situationen und ist somit eine aktive Form des Lernens. Dies kann man sich bei der Erziehung des Hundes zunutze machen.

Für junge Hunde benötigt man viele unterschiedliche Spielzeuge, da sie schnell das Interesse verlieren. Das Material der Spielsachen muss für junge Hunde geeignet und ungefährlich sein. Je älter der Hund wird, desto länger und intensiver kann er sich mit einer Sache beschäftigen. Auch dies nutzt man für die Erziehung.

Das Spiel als Therapie

Ab und zu muss jeder Hund den in ihm aufgestauten Jagdtrieb abbauen. Hierzu sucht er sich eine nicht unbedingt passende „Beute“: Die Reifen eines Fahrrades oder Mofas, spielende Kinderbeine oder die eines Spaziergängers, manchmal auch die Katze des Nachbarn. Um dies zu verhindern, muss man viel mit dem Hund spielen, damit er diese Angriffsbereitschaft abreagieren kann. Hierzu besonders geeignet ist das Raufen um eine Beute – z.B. ein altes Handtuch oder einen Stock, welches er später auch genüßlich zerreißen oder zerbeißen darf. Absolut tabu sollte die Leine sein. Wird diese als Beute angesehen, so bekommt man später Probleme, den Hund anständig zu führen. Hunde lieben diese „Zweikämpfe“ über alles, zerren und ziehen, flüchten mit der Beute und reagieren so die in ihnen schlummernde Angriffslust in kleinen harmlosen Portionen ab. Der Mensch muss jedoch stets der Gewinner des Spiels bleiben, damit die Rangordnung nicht ins Wanken gerät.

Das Spiel mit Artgenossen

Besonders wichtig für die Entwicklung ist das Spiel mit Artgenossen. Auch erwachsene Hunde spielen immer noch gerne und ausdauernd. Für die ganz Jungen empfiehlt sich eine Welpenspielgruppe wo der junge Hund hündische Ausdrucksformen erlernen und verfeinern kann. So werden spätere Kontaktschwierigkeiten mit anderen Hunden von vorne herein vermieden.

Ob unter Hunden oder zwischen Hund und Mensch: Das Spiel wird durch den Hund durch eine Art Verbeugung eingeleitet. Die Vorderbeine berühren den Boden, das Hinterteil ragt hoch in die Luft. Dazu „robbt“ der Hund nach vorne und zeigt sein Spielgesicht. Die Schnauze ist wie zum lachen geöffnet. Die weitere Aufforderung ist das Spielzeugtragen. Hierbei wird dem Spielpartner ein Stock oder Ball gebracht und vor ihm abgelegt. Greift der Mensch oder schnappt der andere Hund danach, nimmt ihn der Hund und rennt davon. Die beliebtesten Spielformen mit Partner sind: Rauf- und Kampfspiele, Holen und Bringen, Fangenspielen, Kreislaufen, Kommen und Weglaufen. Besonders die Rauf- und Kampfspiele sollten mit jungen Hunden häufig gespielt werden um ihr Spielbeißen zu trainieren. Er muss lernen, wie fest er zupacken kann und darf, ohne uns Menschen weh zu tun. Als Zubehör hierzu eignet sich ein kräftiger Lappen, ein dicker Handschuh, ein alter Fußball oder ein kräftiger Stock.

Weitere äußerst beliebte Spiele sind:

- Weglaufen und Fangen (der Mensch läuft davon und der Junghund versucht ihn durch Fersenbiß zu stellen), wobei der Hund unbedingt lernen muss, wieviel erlaubt ist und auf Kommando sofort aufhören muss. Als Dominanztraining geeignet!

- Jogging oder Hindernislauf zusammen mit dem Hund
- Frisbee spielen oder Apportieren (es gibt inzwischen spezielle Hundefrisbees mit weichem Rand!)

-

Spielen kann man nie genug! Und der Hund wird es ihnen durch ein ausgeglichenes und friedfertiges Wesen danken.

5.10 Wenn der Hund sich zur Nervensäge entwickelt

Viele Hundebesitzer kennen das Problem: Wenn der Hund im Mittelpunkt stehen möchte und wird nicht beachtet, entwickelt er sich zu einer reinen Nervensäge: Gerade, wenn man telefoniert, zerpflückt er den Inhalt des Papierkorbes. Kaum hat man ihn in sein Körbchen geschickt, macht er schon wieder neuen Unfug. Sperrt man ihn kurzzeitig in einen anderen Raum, um seine Ruhe zu haben, heult und jault er erbärmlich.

Der Hundehalter merkt, wie er selbst langsam wütend wird und irgendwann erhält der Hund seine „Standpauke". Und damit hat die kleine Nervensäge genau das erreicht, was er wollte: **Die Aufmerksamkeit seines Besitzers**. Er wollte erreichen, dass man sich mit ihm beschäftigt, ob im positiven oder negativen Sinne, ist ihm völlig gleichgültig. Daher ist Schimpfen oder Strafe als Gegenmaßnahme völlig ungeeignet.

Weshalb ändert der Hund sein früher braves Verhalten?
Die Provokationen des Tieres sind ein Zeichen für Unausgeglichenheit und Unklarheiten in der Rangordnung der Familie. Meist beginnen diese Probleme schleichend und fallen erst auf, wenn der Hund sich derart unleidlich aufführt. Je früher man die ersten Anzeichen bemerkt, desto besser und desto schneller und problemloser können die Unklarheiten beseitigt werden. Jeder Hund fühlt sich am wohlsten in einer untergeordneten und für ihn sicheren Rangposition. Die Führung überlässt er sehr gerne dem zweibeinigen Kameraden, sofern dieser in der Lage ist, diese Führungsrolle souverän auszuüben.

Wie bringt man nun dem Hund wieder ein anständiges Benehmen bei?
Es ist an der Zeit für ein Dominanztraining, wobei der Hund wieder lernen muss, wer denn eigentlich das Sagen hat. Der Besitzer muss seinem Hund verständlich machen, dass er selbst der Rudelführer ist und sein Vierbeiner das zu tun hat, was er als Rudelchef anordnet.

Das richtige Training sollte begleitet sein von viel Zeit, Geduld und noch mehr Lob für korrektes Verhalten. Bei den täglichen Spaziergängen sollten regelmäßige Gehorsamsübungen wie Sitz, Platz, Bleib, Komm usw. eingebaut werden. Meist gehen die Schwierigkeiten mit nachlassendem Gehorsam Zuhause einher. Die Kommandos müssen unbedingt schnell und korrekt ausgeführt werden um das ersehnte Lob oder Leckerli zu bekommen. Gestreichelt und gespielt wird ausschließlich auf Veranlassung des Halters, und nicht dann, wenn der Hund es verlangt. Auch erhöhte Liegeplätze sollte man unterbinden, spätestens dann, sobald der Hund in irgendeiner Form Aggressionen zeigt. Auch Zuhause muss der Hund etwas erwünschtes tun, um Aufmerksamkeit und Lob zu erhalten. Man sollte ihm hierzu mehrmals täglich die Gelegenheit geben – durch kurze Gehorsamsübungen.

Seine eigenen Versuche, durch Unfug auf sich aufmerksam zu machen, werden ignoriert. Zuhause könnte er ein Halsband mit einer kurzen weichen Leine tragen (so kurz, dass er nicht darauf treten kann). Stört er nun z.B. beim Telefonieren, erhält er einen kurzen sanften Korrektur-Ruck an der Leine. Dann sollte er „Platz" machen, während der Besitzer sein Gespräch beendet. Ebenso wird in den übrigen Situationen verfahren.

Wann war die Korrektur erfolgreich?

Wenn der Hund sein Dominanzgebaren abgelegt hat und folgende Selbstverständlichkeiten problemlos akzeptiert: Der Besitzer geht als erster durch die Tür und neben ihm die Treppen hinauf. Er darf als erster essen, ohne dass der Hund bettelt. Der allgemeine Gehorsam sollte sich deutlich gebessert haben – Zuhause sowie beim Spaziergang mit Freilauf. Der Hund führt sich nicht mehr als Kasper auf um Aufmerksamkeit zu erhalten; diese bekommt er nach korrekt ausgeführten Übungen. Zum Spielen fordert das Herrchen oder Frauchen auf. Sobald die Probleme als erledigt angesehen werden können, dürfen manche Regeln selbstverständlich wieder etwas entschärft werden. Es ist schließlich nichts dagegen einzuwenden, wenn der sich anstandslos unterordnende Hund sein Bällchen zum Spielen bringt. Auch das Liegen auf Sofa oder Bett darf – nach Ermessen der Familie – wieder erlaubt werden, sobald eindeutig geklärt ist, wer in dem Rudel der Chef ist. Spezielle Tips und Erziehungsvorschläge kann man in schwierigen Fällen von einem Tierpsychologen erhalten.

5.11 Die wichtigen Kontakte zu Artgenossen

Dass man seinen Hund anleint, sobald einem ein fremder Hund begegnet, ist ja im Straßenverkehr oder in einer Menschenansammlung völlig korrekt. Auch, dass der Halter eines kleinen Hundes diesen vorsichtshalber an die Leine nimmt, sobald er in der Ferne einen großen Hund sieht, ist noch nachvollziehbar. Aber weshalb manche Hundebesitzer ihren Tieren keinerlei Kontakte zu Artgenossen, kein freies Spiel und Herumtoben erlauben, ist völlig unverständlich. Der Grund hierfür ist meist deren eigene Angst und Verunsicherung. Hunde laufen von sich aus auf ihre Artgenossen zu, nehmen Kontakt auf und zeigen gerne ein Imponiergehabe.

Zu ernsthaften Beißereien kommt es nur in ganz seltenen Fällen, wenn die Tiere die Möglichkeit haben, sich unbeeinflußt von ihren Besitzern kennenzulernen. Bleibt dagegen der Mensch stehen, versucht, seinen Hund zurückzurufen oder sogar einzugreifen, wird der Hund verunsichert. Was vorher noch eine völlig normale Begegnung unter Artgenossen war, wird plötzlich zu einer angsteinflößenden Situation für ihn. Er reagiert mit Knurren und Kläffen gegenüber anderen Hunden. Richtig wäre es, die Begegnung mit anderen Hunden als eine gute Möglichkeit für den eigenen Hund zu begrüßen, sich in sozialem Verhalten zu üben. Bei kleineren Auseinandersetzungen gehen wir weiter, der Hund wird von alleine folgen, wenn sein Rudelführer sich entfernt. Denn nichts ist für einen Hund wichtiger, als seinem Besitzer zu gefallen. Dies ist eben die Logik des Hundes und wir Menschen müssen endlich lernen, diese zu verstehen und umzusetzen.

Wer seinem Hund ständig die Begegnungen mit anderen Hunden aller Rassen und Größen untersagt, fördert die Aggressionsbereitschaft und bei passender Gelegenheit wird sich diese dann in Raufereien entladen. Es gibt doch wirklich nichts schöneres für das Rudeltier Hund, als mit einer Meute von Artgenossen frei herumzutoben.

Und wenn sich nun zwei in etwa gleich große und ähnlich starke Hunde auf einem abgelegenen Feldweg mit ihren Besitzern treffen, so gibt es keine Notwendigkeit, die beiden vorab durch Anleinen in ein Aggressionsverhalten zu drängen. Bekanntlich fühlt sich jeder Hund an der Leine seines Herrn stark und macht sich gerne wichtig. Wesentlich Stressfreier verlaufen diese Begegnungen, wenn beide Tiere frei laufen dürfen – vorausgesetzt natürlich, das Sozialverhalten beider Hunde kann als normal bezeichnet werden. Einem Hund, welcher bei jeder Gelegenheit ernsthaft nach fremden Hunden schnappt, kann man diese Freiheiten leider nicht ohne Maulkorb gewähren.

5.12 Hund und Kind – so werden sie ein tolles Team

„Was, wenn unser Hund auf das Baby eifersüchtig wird?“ „Müssen wir den Hund weggeben?“ – Fragen, die künftige Eltern beschäftigen. Solche Probleme können durch richtige Planung bereits im Keim erstickt werden.

Viele Jahre lang hatte der Hund seine Halter ganz für sich alleine – dann soll genau in einem „seiner“ Zimmer das Kinderzimmer eingerichtet werden. Überaus wichtig ist nun, dass die Besitzer mit den Veränderungen im Haushalt beginnen, sobald sie von der Schwangerschaft erfahren. Der Hundekorb zum Beispiel wird sofort an seinen neuen Platz gestellt. Wenn das Baby dann endlich da ist, ist dieser Platzwechsel für den Hund längst Gewohnheit und wird von ihm nicht unangenehm mit dem Kind in Verbindung gebracht – er fühlt sich von dem Neuling nicht verdrängt. Wenn der Hund später nicht in das Babyzimmer soll, wird ihm schon lange vor der Geburt des Kindes das Betreten dieses Zimmers untersagt. Besonders unangenehme Verbote dürfen also nichts mit dem menschlichen Neuling zu tun haben – dafür aber positive Erlebnisse.

Der Hund sollte unbedingt ganz bewusst in Schmusereien mit dem Baby einbezogen werden und auch mal völlig unbeachtet bleiben, wenn das Kind nicht dabei ist. Sicherlich wäre es oft viel einfacher, sich mit dem Tier zu beschäftigen, wenn das Baby schläft... aber das Kind muss für den Hund zu einem angenehmen Erlebnis werden: Ist das Baby dabei, wird's auch für den Hund besonders schön, lustig oder interessant – kein Grund also etwa eifersüchtig zu werden sondern vielmehr ein Anlass den Fremdling zu mögen und ihn im Rudel aufzunehmen.

Auch im umgekehrten Sinne gilt es, frühzeitige Überlegungen anzustellen: Welche Zonen sollen zum Beispiel für das Kind tabu sein, wenn es erst mal krabbeln oder laufen kann? In die Futterzone gehört das Kind auf keinen Fall – auch wenn der Hund keinerlei Aggressionen und keinen Futterneid zeigt – so sollte er wenigstens in Ruhe fressen können. Der Futterplatz des Tieres sollte daher auch bereits vor der Geburt an einen „kindersicheren“ Ort verlegt werden. Außerdem ist mindestens eine Stelle vonnöten, an die der Hund sich zurückziehen kann, wenn er seine Ruhe will – wenn ihm das krabbelnde und schreiende Kind zu viel wird. Schlafplätze, an die der Hund nach Lust und Laune gelangen kann, ein Kleinkind aber nicht, sind allerdings rar. Sie müssen meist – je nach Entwicklungsstand des Kindes – wieder verändert und neu eingerichtet werden.

Sobald das Kleinkind Verbote verstehen kann, sollte es lernen, Anordnungen wie z.B. „Laß ihn jetzt in Ruhe“ zu befolgen.

Bei einer derart behutsamen Vorgehensweise wird aus Hund und Kind meist ein derart verschworenes Team, dass es schwierig wird, in manchen Situationen den wirklich Schuldigen herauszufinden: Sie leeren gemeinsam den Kühlschrank, werfen beim Toben Dinge um – und erwarten dann beide mit großen, unschuldigen Augen die kommende Strafpredigt.

Durch die richtige Gewöhnung aneinander hat das Kind den treuesten Freund bekommen, den es sich wünschen kann. Gewisse Grundregeln sollten jedoch alle Kinder im Umgang mit dem eigenen oder fremden Hunden lernen:

12 goldene Regeln für Kinder im Umgang mit Hunden

1. **Einen Hund sollte man immer so behandeln, wie man selbst behandelt werden möchte!**
   Also nicht zu forsch, nicht an den Ohren oder am Schwanz ziehen, quälen oder treten. Nicht anschreien! Der Hund kann nicht sagen, wenn es ihm reicht, er kann sich nur mit den Zähnen wehren. Weil Hunde besser hören und riechen als wir, sind sie an Nase und Ohren besonders empfindlich!
2. **Egal, wie niedlich ein Hund aussieht – nicht einfach, ohne zu fragen anfassen!**
   Viele Hunde wurden schon von Kindern gequält oder geärgert und sind daher nicht gut auf sie zu sprechen.
   Vorher immer erst den Besitzer fragen! Wenn ein Hund auf seinem Schlafplatz liegt, darf er nicht gestört werden!
3. **Alles vermeiden, was der Hund als Bedrohung auffassen könnte!** In der Rangordnung sind die Besseren und Stärkeren über dem Hund angeordnet, die Schwächeren müssen ihm gehorchen. Bedroht man einen Hund grundlos, stellt man diese Rangordnung in Frage, welche er dann verteidigen möchte. Also den Hund nicht herausfordern und Drohgebärden unterlassen!
4. **Einem Hund nicht direkt in die Augen starren!** Das Sich-in-die-Augenschauen ist unter Hunden ein wichtiges Mittel zur Rangordnungsklärung. Man starrt sich so lange an, bis einer wegsieht, der andere ist der Stärkere. Will keiner nachgeben, wird gekämpft.
5. **Nicht am Schwanz zerren!** Dieser ist für den Hund ein wichtiges Ausdrucksmittel und er wird es notfalls mit den Zähnen verteidigen. Wird der Schwanz z.B. eingeklemmt ist Vorsicht angesagt! Hält er ihn steil in die Höhe ist er angespannt und könnte böse werden.
6. **Hunde niemals beim Fressen stören!** Fressen ist für sie etwas sehr wichtiges. Schon als Welpe verteidigt er sein Futter. Etwas wegnehmen darf nur der Ranghöchste, sein Besitzer (so sollte es zumindest sein!). Jede Störung beim Fressen betrachtet der Hund als Angriff und er wird seine Häppchen notfalls verteidigen. Finger weg vom Futternapf!
7. **Beim Spielen den Zähnen nicht zu nahe kommen!** Hunde spielen gerne, es gibt nichts Schöneres als etwas zu jagen, zu fangen oder damit zu raufen. Dabei kann es passieren, dass das Tier aus Versehen daneben zwickt – Vorsicht!

8. **Raufende Hunde niemals trennen!** Ein ernsthaft kämpfender Hund konzentriert sich nur auf seinen Gegner und lässt sich nicht ablenken – er ist im Kampf taub, blind und gefühllos und merkt nicht, wenn er in eine ihm helfen wollende Hand beißt. Zum Trennen zweier Kämpfer sind 2 erwachsene Personen nötig (jeden Hund am Schwanz wegziehen!)
9. **Nie vor einem Hund davonlaufen!** Jeder Hund hat einen Jagdinstinkt, der eine mehr, der andere weniger. Wenn sich etwas schnell von ihm entfernt, muss er hinterher...
10. **Wenn ein Hund angreift – nicht bewegen!** Die meisten Hunde wollen gar nicht beißen sondern nur festhalten. Will man den Arm wegziehen, reizt dies das Tier nur noch mehr. Ein bewegungsloses Objekt ist jedoch uninteressant.
11. **Nie mit einem fremden Hund spielen!** Mit einem unbekannten Hund kann es schnell zu Missverständnissen kommen.
12. Kein Hund ist wie der andere! Jeden Hund muss man neu kennenlernen, denn keiner gleicht dem anderen. Also nicht gleich streicheln, sondern sich nur vorsichtig annähern und den Hund erst mal ausgiebig schnuppern lassen. Man weiß nie, ob er bereits schlechte Erfahrungen mit Kindern gemacht hat.

5.13 Es muss nicht immer ein Welpe sein – der Second-Hand-Hund

Auf der Suche nach einem vierbeinigen Hausgenossen geht man hin, noch voller guter Dinge und Optimismus. Doch manch einer verlässt ein Tierheim dann geradezu fluchtartig, emotional überwältigt von den Eindrücken der Atmosphäre und vor allem der großen Anzahl heimatloser Hunde.

Oftmals siegt dann bei den künftigen Hundehaltern die Angst vor dem Ungewissen, was mit einem solchen Tier wohl auf einen zukommen mag und die Angst davor, einen „gestörten" Hund aufzunehmen.

Daraufhin entscheiden sich viele doch wieder für den Welpen – denn da weiß man vermeintlich, was man hat...

Leider zeigen die hiesigen Tierheime einen weiteren Müllberg unserer Gesellschaft auf: Was nicht mehr gefällt, nicht mehr passt, zu viel Arbeit macht oder bei dem geplanten Urlaub stört, wird weggeworfen. Und es kommen immer weniger Menschen, um diesen „tierischen" Müll wieder einzusammeln. Manch ein lieber, freundlicher Hund ohne Probleme muss jahrelang sein Leben hinter Gittern fristen. Seine einzige Schuld war wohl die, jemals geboren worden zu sein, einer derzeit falschen Rasse anzugehören. Ein sogenannter „Kampfhund" zu sein, ist für viele Hunde heutzutage ein Todesurteil.

Den Menschen ist kein Grund zu peinlich, ihr Tier im Tierheim abzuliefern, manch einer schiebt seinen Hund sogar ab, weil er in der Familie alt geworden ist und nun aufgrund gewisser Zipperlein nicht mehr mithalten kann und daher lästig wurde. Besonders hartgesottene fragen das Tierheimpersonal im gleichen Atemzug, ob derzeit junge Hunde zu vermitteln sind, während sie ihren alten Hund in den Zwinger schieben! Andere sind zu feige und binden den Hund nachts einfach am Tierheim-Zaun fest oder deklarieren ihn als Findling. Dies erschwert die Vermittlung, da nichts über den Hund bekannt ist.

Das Vorurteil, dass alle Tierheimhunde gestört seien, hält sich leider immer noch hartnäckig. Natürlich gibt es sie: die überängstlichen, die aggressiven, die unverträglichen Hunde, die in ihrem bisherigen Leben schon viel Leid erfahren haben und sich nun dementsprechend verhalten. Es ist jedoch niemand gezwungen, den 60 kg schweren Koloß, der jeden anderen Hund angreift oder den ängstlich um sich beißenden Hund aufzunehmen. Jeder künftige Halter eines „Second-Hand" Hundes sollte sich seiner eigenen Fähigkeiten in Bezug auf Hundeerziehung- und Haltung bewusst sein. Diesen Hunden ist mit einer unerfahrenen Hand, unzähligen fehlgeschlagenen Erziehungsversuchen nicht geholfen – am Ende landen sie erneut hinter Gittern.

Ein Hund aus zweiter Hand kann sich durchaus schlecht benehmen. Völlig unerzogen, nicht stubenrein, mit „Macken" behaftet, es kann ein Kläffer sein, ein Hund, der nicht alleine bleibt, an der Leine zieht oder Passanten anspringt.

Na und? Ist der Welpe gehorsam, stubenrein, bleibt er alleine, wird er niemals hochspringen, jagen? Ob er der Traumhund wird, ist anfangs ebenso ungewiß und abhängig von einer fachmännischen, vernünftigen Erziehung. Und für diese ist es auch bei einem Hund aus zweiter Hand noch nicht zu spät, nur manchmal etwas mühsamer. Wer sich jedoch aus einem solchen Tierheimhund nach einiger Zeit einen gehorsamen Familienhund erzogen hat, kann mit Recht stolz auf sich und das Tier sein!

Viele Käufer eines Welpen sind nach einiger Zeit verzweifelt, weil der Hund sich nicht so entwickelt wie sie es erhofft hatten. Viele Zweikämpfe und Erziehungsprobleme hätten die Welpenbesitzer sich nicht träumen lassen, als sie den Zwerg vom Züchter abholten – auch ein Welpe erzieht sich eben nicht von alleine. Und deshalb landet eben so mancher von ihnen in der Pupertätsphase angebunden an der Autobahn oder im Tierheim, nur mit dem „Makel" seiner hundeüblichen Lebendigkeit behaftet und ansonsten eigentlich problemlos. Er benötigt lediglich einen halbwegs hundeverständigen und geduldigen Menschen und wartet nun sehnsüchtig im Tierheim.

Die meisten Probleme bezüglich Aggressionen gegen die Kinder der Familie tauchen übrigens nicht bei Tierheimhunden auf, sondern bei Hunden, die von klein auf in der Familie lebten. Ihnen wurde niemals die Rangordnung des „Rudels" deutlich gemacht und sie wurden schlichtweg nicht richtig erzogen.

Und selbst solche Hunde, in der einen Familie eine Bedrohung, können in einer neuen Familie unter vernünftiger Anleitung wie ausgewechselt sein.

Wer sich den Tierheimhund nach „Liebe auf den ersten Blick" auswählt, kann sich die Katastrophe seines Lebens mit nach Hause nehmen. Man sollte sich immer die Zeit nehmen, sein künftiges Familienmitglied kennenzulernen und wirklich zu fühlen, ob man zueinander passt. Kein Hund ändert sich aus Dankbarkeit und kein Hund ist aus lauter Freude, dass er nach Monaten oder sogar Jahren den Zwinger verlassen darf, lieb, nett und handlich. Mitleid ist daher der schlechteste Ratgeber. Wenn man einen oder auch mehrere Hunde in die engere Auswahl genommen hat, sollte man ihn öfter besuchen, mit ihm spazieren gehen und sich ausgiebig mit ihm beschäftigen.

Einem Hund etwas beizubringen ist einfach. Einem Hund festgefahrene, nicht gerade positive Eigenarten abzugewöhnen beziehungsweise durch positive Verhaltensweisen zu ersetzen ist teilweise äußerst schwierig – manchmal gar nicht mehr möglich. Hier sollte man wirklich realistisch sein.

Doch gerade der Hundeneuling ist mit einem erwachsenen, nicht allzu schwierigen Hund meist viel besser beraten als mit einem Welpen. Von einem erwachsenen Hund kann man viel lernen und man hat Zeit, die Hundesprache sowie den Umgang mit dem Tier zu erlernen. Fehler wirken sich längst nicht so verheerend aus wie bei einem Welpen. Ein Welpe aber ist ein sehr sensibles Geschöpf und besonders in sensiblen Entwicklungsphasen sehr leicht seelisch zu zerstören. Und ein Hundeteenager kann anstrengender und eine größere Herausforderung sein, als sich der Hundeanfänger in seinen kühnsten Träumen gedacht hat.

Manche Hunde verbringen Jahre im Tierheim. Manchmal versteht man nicht, warum alle Menschen an ihnen vorübergehen. Bei anderen irgendwie schon? Es kostet mit Sicherheit Überwindung einen Dreibeiner bei sich aufzunehmen oder einen Hund mit Diabetes, einen einäugigen Hund... Teilweise kostet dies auch viel Geld. Und dennoch haben gerade diese Hunde so sehr eine neue Chance verdient. Andere

Langzeitkandidaten sind die schwierigen Hunde, denen nicht mehr jeder gewachsen ist. Sie trifft es besonders hart, da nicht immer in den Tierheimen hundeverständige Trainer mit ihnen arbeiten.

Aber auch weniger dramatische Problemchen lassen einen Hund zum Langzeitkandidaten werden. Groß und schwarz? Dann sitzt er meist lange Zeit im Zwinger. Nicht stubenrein? Grund genug, den Hund meist schon am nächsten Tag wieder zurückzubringen. Er bleibt nicht alleine? Wenige haben die Geduld, es ihm behutsam beizubringen.

Jeder individuelle Hund aus zweiter Hand hat seine eigene Geschichte, ist ein kleines Überraschungspaket, eine Persönlichkeit, vielleicht schon gebrochen an seinem bisherigen Leben.

Und doch gibt es sie, die Menschen, die ganz bewusst nur einen Hund aus dem Tierheim nehmen statt vom Züchter. Jeder hat hierzu seine eigenen Gründe – meist weil sie einfach nicht wegsehen können. Und was gibt es Schöneres, als einem Hund sein Lachen und seine Seele wiederzugeben, ihm die Schönheiten des Lebens zu zeigen, die er vielleicht noch nie kennenlernen durfte und sich selbst auf dieses Abenteuer einzulassen: Hund mit Vergangenheit.

Jedem Second-Hand Hund sollte man mit einer geeigneten Bachblütenmischung die Umstellung erleichtern:

Star of Betlehem	
Walnut	
Mimulus	- bei Angst und Zurückhaltung
Larch	
Vine	- bei zu stark ausgeprägtem Selbstbewusstsein und noch unklarer Rangordnung

6. THERAPIE UND BACHBLÜTEN - AGGRESSIONEN

Häufige Verhaltensstörungen – Therapie/Erziehung und Bachblütenempfehlungen

Alleine mit Bachblüten kann eine Verhaltensänderung nur in den seltensten Fällen herbeigeführt werden. Das richtige Verhalten des Menschen ist die Grundvorraussetzung, um im Verhalten des Hundes etwas zu bewirken und zu verändern. Hierzu ist in erster Linie die Einsicht des Hundehalters erforderlich, der erkennen muss, das etwas verkehrt läuft und dass er selbst etwas daran ändern muss. Häufig hört man die Aussagen: Der Hund gehorcht eben einfach nicht, er mag keine Kinder/Jogger/Radfahrer, er haßt das Autofahren oder er verträgt sich nicht mit anderen Hunden. Dies ist meist schlicht falsch; der Hund hat einfach das korrekte Verhalten in den bestimmten Situationen entweder niemals gelernt oder sein ursprünglich normales Verhalten durch negative Erlebnisse verändert. Hier ist nun der Mensch gefordert: Die Ursachen müssen gefunden und beseitigt werden, bevor man aktiv – unter Umständen mit fachkundiger Hilfe eines Tierpsychologen – beginnt, das Verhalten des Hundes langsam und schrittweise in die richtigen Bahnen zu lenken.

Zu jedem Thema empfehle ich ihnen eine Bachblütenmischung, welche sie sich in einer Apotheke (ohne Konservierungsmittel) mischen lassen können. Die Gabe erfolgt gemäß der Dosierungsanleitung im Kapitel „Tipps zur Verabreichung von Naturheilmitteln".

6.1 Aggressionen gegen Menschen

Nicht jedes Zwicken eines Hundes darf als ernsthaftes „Beißen" deklariert werden. Beißt ein Hund ernsthaft zu, gibt es meist blutende Wunden. Weitaus häufiger jedoch zwickt der Hund leicht in die Haut des Menschen, was meist nur leichte Rötungen und Abdrücke hinterlässt. Kommt dies im Übereifer des Spieles vor – weil der Hund das Spielzeug knapp verfehlt und statt dessen den Arm erwischt, so sollte man nicht von Beißen sprechen. Schnappt der Hund jedoch zum wiederholten Male, ob mit oder ohne vorherige Ankündigung durch Knurren, nach dem Menschen, so ist höchste Alarmbereitschaft angesagt und die Ursache der beginnenden Aggressionen muss schnellstmöglich gefunden und behoben werden. Erst wenn der Hund seine Beißhemmung verloren hat und schon aus geringem Anlaß heraus seinen Aggressionen freien Lauf lässt, sollte man von einem wirklich „bissigen" Hund sprechen. Dieser kann dann auch zur ernsthaften Gefahr werden, insbesondere, wenn er sich gegenüber Kindern aggressiv verhält. Ein großer Hund wird auch für Erwachsene zur massiven Gefährdung, sobald er derartig außer Kontrolle gerät. Wirklich bissige Hunde greifen ohne jede Vorwarnung an, es geht also kein Drohverhalten dem Angriff voraus.

Das weitaus häufigere Problem im Zusammenleben mit dem Hund liegt jedoch in dem harmloseren aber unbedingt ernst zu nehmenden „Zwicken“ des Hundes. Idealerweise lernt bereits der Welpe, wo seine Grenzen liegen und was seinem Menschen Schmerz bereitet. Ein im Welpenalter gut geprägter und sozialisierter Hund wird niemals seine Zähne gegen den Menschen einsetzen – sofern er artgerecht und liebevoll gehalten wird und nicht durch falsches Verhalten der Menschen in eine Verteidungungsposition gedrängt wird. Zeigt ein bisher umgänglicher und braver Hund plötzlich Aggressionen gegen den Menschen, so liegt der Fehler – wie bei den meisten Verhaltensstörungen – im Verhalten des Menschen!

Aggressionen gegen Kinder

Leider landen viele Hunde als „kinderunverträglich“ im Tierheim, obwohl sich dies durch eine vernünftige Planung und vorausschauendes Handeln bereits im Vorfeld verhindern ließe. Jeder Hund kann -–unter richtiger Anleitung – zum besten Freund des Kindes werden. So sollte man sich vor der Anschaffung des neuen Hausgenossen im Klaren sein, dass ein Hund auch viel Arbeit, Zeit und Geld kostet. Hat man sich nun aus ganzem Herzen für ein neues Familienmitglied entschlossen, ist die Wahl der Rasse sowie des Charakters des Tieres von entscheidender Bedeutung. Der Familienhund sollte umgänglich, gesellig, lärmverträglich, lebhaft aber nicht übernervös sein und auch mal einen „Knuff“ vertragen können. Auch wenn man nun den idealen Begleiter vom Züchter oder auch aus dem Tierheim (auch etwas ältere Hunde sowie insbesondere Mischlinge können der perfekte Kinderhund sein) ins „Familienrudel“ integriert hat, können doch plötzlich schwerwiegende Probleme im Zusammenleben auftreten. Zu den häufigsten und auch – besonders bei großen Hunden – gefährlichsten Schwierigkeiten kommt es, wenn der Hund plötzlich das Kind **anknurrt oder sogar nach ihm schnappt**.

Dies geschieht häufig, wenn das Kind sich dem Futter des Hundes nähert oder dessen Spielzeug anfaßt. Falls diese Situation während des Fressens auftritt, muss das Kind unbedingt zunächst von dem Hund während des Fressens ferngehalten werden. Bevor man beginnen kann, die beiden in einer solchen Situation wieder zusammenzuführen, muss man versuchen, dem Hund durch recht einfache Toleranzübungen das richtige Verhalten zu lehren. Hierzu füttert man den Hund zunächst in Etappen, d.h., man gibt ihm nur eine kleine Futterportion und geht dann weg. Wenn er aufgefressen hat, Kommen Sie mit der nächsten kleinen Portion wieder, bis er sich freut, wenn Sie sich seinem Freßnapf nähern. Erst wenn dies problemlos klappt, kann man diese Übung zusammen mit dem Kind (ab dem Schulalter) trainieren. Kleinkinder sollten allerdings generell lernen, dass der Hund beim Fressen am liebsten seine Ruhe haben möchte, dadurch entsteht ein solches Problem erst gar nicht.

Falls der Hund jedoch anfängt, auch die **Rangordnung in Frage zu stellen,** liegen bereits ernstere Dominanzstörungen vor. D.h., der Hund akzeptiert es nicht mehr, an letzter Stelle im Rudel zu rangieren und will sich „hocharbeiten".

Diese Situationen können, vor allem für Kleinkinder und bei großen Hunden zu ernsten Gefahren werden. Jetzt gilt ganz besonders: *Hunde und kleine Kinder niemals ohne Aufsicht lassen!!* Solche Aggressionen kommen nicht von heute auf morgen, sondern beginnen schleichend, oftmals während der Pubertät des Hundes: Der Hund benimmt sich rüpelhaft gegenüber dem Kind z.B. durch Schubsen, gibt vielleicht sein Spielzeug nicht mehr an das Kind heraus, er knurrt, wenn sich das Kind z.B. dem Ball oder Stock nähert und irgendwann schnappt er sogar zu. Spätestens jetzt heißt es eingreifen: Nun müssen sich alle einig sein und konsequent sämtliche „Unarten" bestrafen – aber nicht mit Gewalt, sondern durch Nichtbeachtung. Gleichzeitig muss der Hund bei jeder sich bietenden Gelegenheit darauf hingewiesen werden, dass er der letzte in der Rangordnung ist.

Bei Dominanzproblemen sollte man unbedingt darauf achten, dass er sich nicht auf erhöhten Positionen (Sofa, Bett ..) niederlässt, solange nicht die Rangfolge wieder einwandfrei geregelt ist. Jede Art eines Machtkampfes muss sofort, konsequent, aber gewaltfrei unterdrückt werden. Ausdrücklich muss davor gewarnt werden, den Hund nun mit \`harter Hand\` zu behandeln. Der Erwachsene wird sich hiermit vielleicht noch durchsetzen, für die Sicherheit des Kindes kann dies jedoch böse Folgen haben: Bei passender Gelegenheit wird der Hund unter Umständen. versuchen, dem Kind zu zeigen, wo es langgeht. Viel besser als ein emotionales, grobes Handeln ist in jedem Falle ein gezieltes Training mit dem Hund. Hierbei sollte das Kind unbedingt mit einbezogen werden! Besonders geeignet hierfür sind Übungen wie Sitz, Pfötchen geben, Komm usw, welche durch das Kind gelehrt werden – aber nur im Beisein des Erwachsenen! Solche Dressurkunststückchen machen Kindern und Hunden gleichermaßen Spaß und die Rolle des Kindes gegenüber dem Hund wird gestärkt, der Respekt des Hundes gestärkt. Absolut tabu sind jedoch jede Art von Kampfspielen, bei welchen Kind und Hund um die Beute rangeln, z.B: Tauziehen.

Falls es sich bei dem Hund um einen Rüden handelt, bei denen im übrigen derartige Dominanzprobleme weitaus häufiger auftreten als bei Hündinnen, sollte man das Tier sofort kastrieren lassen. In den meisten Fällen gliedert er sich dann problemlos wieder in die Rudelgemeinschaft an letzter Stelle ein.

Bachblüten:

Walnut	- um die veränderte Situation (Baby) besser zu verarbeiten
Holly	- um aggressive Gefühle einzudämmen
Willow	- um negative Gefühle und Verbitterung zu bekämpfen
Chicory	- um den Verlust der „Mittelpunktstellung" besser zu verkraften
Beech	- um die Toleranzbereitschaft zu fördern

Aggressionen gegen den Besitzer

Liegen immer im Verhalten des Halters gegenüber dem Hund begründet. Entweder hat der Besitzer seinen Hund gar nicht oder falsch erzogen. Zu wenig Erziehung kann ebenso fatale Auswirkungen haben wie ein harter und unter Umständen sogar brutaler Umgang mit dem Tier. Ein Hund in den falschen Händen eines vielleicht selbst aggressiv veranlagten Besitzers ist nicht therapierbar! Die einzige Hilfe für diesen Hund besteht darin, ihn in sehr erfahrene Hände abzugeben. Diese Thematik kommt häufig in Verbindung mit der Kampfhundeproblematik auf.

Weitaus häufiger sind jedoch die leichten, sich aber summierenden Erziehungsfehler.

Hat der Hund seine Stellung im „Rudel" nicht gefunden, wird er beginnen, nach der Position des Ranghöchsten zu streben. Dies beginnt beim Anknurren, sobald sich der Mensch z.B. dem Futter oder dem Schlafplatz nähert und kann sich bis zum heftigen Zubeißen entladen. Hier hilft dann nur noch ein intensives Dominanztraining: Der Hund darf sich ab sofort nicht mehr auf erhöhten Liegeplätzen wie Sofa oder Bett aufhalten. Anfangs wird er aus der Hand des Besitzers gefüttert, welcher stets die Futterschüssel kurz entfernt und dann dem Hund wieder anbietet. Der Hund bekommt sein Futter, nachdem die Familie gegessen hat. Immer muss der Halter vorangehen, er betritt die Wohnung vor seinem Hund, dieser darf erst auf Kommando eintreten. Beim Spazierengehen bestimmt der Mensch, welcher Weg eingeschlagen wird und jedes Gassigehen wird mit Erziehungsübungen verbunden: Sitz, Platz, Fuß, Komm, Bleib gehören zum alltäglichen Programm und sollten auch Zuhause in das tägliche Miteinander eingebunden werden. Das unbedingt notwendige Spiel wird immer von dem Besitzer eingeleitet und beendet. Auf Reiß- und Zerrspiele sollte man anfangs verzichten. Sehr vorteilhaft um die Rangstellung klarzustellen sind dagegen Apportierspiele, wobei der Hund seine „Beute" stets wieder abgeben muss. Jedes Kommando muss durchgesetzt werden – im Notfall darf der Hund auch am Nackenfell geschüttelt werden. Einem aufmerksamkeitsheischendem Verhalten des Hundes darf keine Beachtung geschenkt werden und auf direkte Kontaktaufforderungen geht der Mensch nicht ein.

Das Wichtigste bei dem gesamten Training ist die Belohnung und das Lob sowie die Selbstsicherheit und Konsequenz des Halters! Sobald der Hund im täglichen Umgang wieder kompromißbereiter ist und keine Aggressionen mehr zeigt, so können nach und nach bestimmte Verbote (z.B. auf dem Sofa liegen) wieder gelockert werden. Der regelmäßige Besuch einer guten Hundeschule kann bei dieser Umerziehung sehr hilfreich sein.

Ist das Verhältnis Besitzer/Hund jedoch derart nachhaltig gestört, dass sich keine Besserung erzielen lässt, so muss bei ernsthaften Aggressionen leider doch eine Abgabe des Hundes in erfahrenere Hände erwogen werden.

Bachblüten:

Holly	- gegen Wut und Aggression
Impatiens	- gegen Ungeduld und daraus resultierender Aggression
Vine	- gegen übermäßiges Dominanzstreben

Aggressionen gegen Fremde – der Postbote als Feind

Hunde können aggressiv gegen Menschen reagieren, die von dem ihn vertrauten Alltagsmenschen in Erscheinung oder Gebaren abweichen. Hierzu gehören: Uniformierte Personen, Betrunkene, Vagabunden oder auch behinderte Menschen. Oft genug zeigt sich auch hier wieder, dass der Hund der Spiegel seines Besitzers ist. Ist der Mensch gegenüber einem anderen mißtrauisch, ängstlich oder auch nur unsicher, so fühlt der Hund dies und reagiert in der ihm eigenen Art und Weise ebenfalls verunsichert, nervös oder gar aggressiv. Seltener sind vorausgegangene unangenehme Erfahrungen mit diesen Menschen – nein, es ist wirklich die reine Aufregung, welche die Ausbrüche verursacht. Auch hier kann natürlich die Umkonditionierung d.h., die Gewöhnung Abhilfe schaffen. Besteht häufiger Kontakt zu behinderten Menschen, so sollte der Hund diesbezüglich konditioniert werden. Durch langsame und vorsichtige Begegnungen mit Lob und Belohnung bei „anständigem“ Verhalten lernt der Hund, dass von diesen Menschen keine Gefahr ausgeht. Und wenn sein Halter wie selbstverständlich mit ihnen umgeht so wird auch der Hund dies bald ebenso tun. Wichtig ist auch hier, dass der Hund den Besitzer uneingeschränkt als Rudelführer akzeptiert. Gibt dieser souverän und konsequent an, was zu tun und was zu lassen ist, so wird der korrekt erzogene Hund dies akzeptieren.

Ein anderes Kapitel stellt der Postbote dar. Dieser dringt tagtäglich in das Heimatrevier des Hundes ein und das, ohne die hundeüblichen Regeln zu beachten.... Unter Hunden gilt es als reine Provokation, das Revier eines Artgenossen ohne entsprechende „Vorbereitungen“ und Demutsbekundungen zu betreten – wenn überhaupt. Der Briefträger jedoch hastet in Eile zum Briefkasten, macht sich daran zu schaffen und eilt wieder davon – vorausgesetzt, der Hund ist nicht schneller. Leider geschehen auch immer wieder Beißunfälle gegen diesen Berufsstand. Da die wenigsten Briefträger bereit oder aus zeitlichen Gründen in der Lage sind, sich mit jedem Hund ihres Bezirkes ausgiebig anzufreunden, sollte hier die Vermeidungstaktik zur Anwendung kommen. Der Briefkasten gehört außen an den Zaun bzw. sollte für den Beamten zugänglich sein, ohne eine Hundeattacke befürchten zu müssen. Viele Hunde lassen sich auf einfache Weise an das Kommen und Gehen des Postboten gewöhnen, indem man gemeinsam im Hof auf diesen wartet, den angeleinten Hund während des „Vorganges“ nicht beachtet und ihn danach für anständiges Verhalten kurz lobt. Je häufiger – im Idealfall einige Wochen lang täglich – der Hund merkt, dass hier eigentlich gar nichts Aufregendes geschieht, desto gelassener wird er bleiben. Der Abstand zu dem „Eindringling“ wird langsam verkürzt. Und tatsächlich ist doch der ein oder andere Briefträger ein wirklicher Hundefreund – manch einer hat sogar Leckerlis einstecken oder trägt die Hose, an der der Geruch des eigenen Hundes haftet – um sich „einzuschmeicheln“. Diese Personen werden dann meist heiß geliebt und freudig begrüßt – bis eines Tages die Aushilfe kommt, welcher man („Hund“) die Angst schon von weitem anmerkt...

Bachblüten

Holly	- gegen Aggressionen
Beech	- für mehr Toleranz gegenüber Fremden
Vine	- gegen übertriebenes Territorialverhalten

6.2 Territorialaggressionen oder Probleme am Gartenzaun

Die Verteidigung des eigenen Reviers war einer der Gründe, weshalb der Mensch den Hund domestizierte: Er sollte sein Hab und Gut bewachen und seine Menschen beschützen. Und genau dies wird heute dem Hund häufig zum Vorwurf gemacht, dabei gilt auch heute noch der Hund im Haus als bester Schutz gegen ungebetene Eindringlinge. Für den Hund ist sein Territorium in erster Linie das ständige Zuhause und dessen nähere Umgebung. Viele Hunde gehen bis zum Gartenzaun, hinter dem sie wütend und selbstsicher alles angiften, was sich nähert. Wäre der Zaun plötzlich verschwunden, so wäre bei vielen der ganze Mut schlagartig verpufft. Nähert sich dann allerdings ein Fremder trotzdem dem Haus, so kann es durchaus sein, dass er attackiert wird. Viele Hunde betrachten auch das Familienauto als ihr Territorium und verteidigen dies wütend. Heutzutage wird es meist gerne gesehen, wenn das Haus jedermann zugänglich ist und der Vierbeiner auch nicht durch Bellen belästigt.

Treten hierbei Uneinigkeiten zwischen Hund und Herrn auf, so sollte man auch die Rasse des Hundes nicht unberücksichtigt lassen. Während z.B. Labradore und Golden Retriever auch Fremde meist schnell in ihr Herz schließen und sich über Besuche freuen, sind dagegen Spitze eher mißtrauisch und gute Wachhunde und gute Wachhunde, die eher bellen als beißen. Bei den kleineren Rassen sind es häufig Terrier, die eine reine Bellwut an den Tag legen und nicht selten auch zuschnappen können. Als besonders gute Wächter gelten die anerkannten Schutzhund-Gebrauchshunderassen Schäferhund, Rottweiler, Boxer, Bouvier, Hovawart, Dobermann, Riesenschnauzer und Airdale-Terrier. Ein Problem für sich stellen die Hirtenhunderassen dar, welche genetisch bedingt sehr wachsam (Herdenbewachung) und eigenständig sind. Durch die ihnen anerzogene selbständige Arbeitweise verteidigen diese Rassen ihre „Herde“ bitterernst und gelten daher häufig als unberechenbar. Zu den Hirtenhunden zählen u.a. Kuvasz, Türkischer Kangal, Sarplaniac. Sie attackieren selbständig und oft sehr ernst, sind jedoch den eigenen Familienmitgliedern treu ergeben.

Es gab schon Fälle, wobei Freunde der Kinder das Grundstück betraten und sehr ernsthaft verletzt wurden, wobei das Tier lediglich seinem ererbten Instinkt folgte und „seine“ Kinder und sein Revier beschützte. Die Anschaffung einer derartigen Rasse sollte – insbesondere wenn Kinder im Haus leben – genauestens überdacht werden!

Aber auch ein kleiner Mischling kann einen Besucher in Angst und Schrecken versetzen und das Verteidigungsverhalten des Haushundes sollte unbedingt in erträglichem Maß gehalten werden. Territoriale Aggression ist ein übliches Verhalten des Rudelführers – und dieser sollte ja der Mensch sein.

Ein Melden des Klingelzeichens sollte dem Hund durchaus gestattet sein, die Attacke gegen Besucher jedoch muss strikt unterbunden werden. In den meisten Fällen steigert sich das aggressive Verhalten gegen Besucher langsam und anfangs von den Besitzern fast unbemerkt. Einhergehend mit dieser Entwicklung zeigt der

Hund ein ständig zunehmendes Dominanzgebaren – auch in anderen alltäglichen Situationen. Hier ist wieder einmal das bereits mehrfach angesprochene Dominanztraining nötig, nach dessen erfolgreicher Durchführung der Hund zwar wachsam, aber abrufbar ist: So werden die Weichen gestellt, dass der Mensch die Vormachtsstellung hat. Der Hund darf sich keinesfalls an Frauchen vorbei durch die Tür drängen um den Besucher zu stellen. Er lernt, nach (!) Frauchen durch die Türe zu gehen und muss Platz machen, bis der Besucher herangetreten ist. Kurzes Bellen ist gestattet.

Das weitere Training besteht darin, den Hund auf freundlicheres Verhalten gegenüber Besuchern umzukonditionieren: Für die Dauer von einigen Tagen – notfalls auch Wochen wird der Hund von allen Familienmitgliedern bewusst ignoriert. Er findet nur Beachtung zu den nötigen Spaziergängen – auch diese dürfen jetzt einmal für den Hund langweilig gestaltet werden – und zu den „Trainingszeiten".

Zu diesen Übungen benötigen Sie eine Reihe von nervenstarken Versuchspersonen (Nachbarn, Freunde, Postbote ect.), welche zu vorher abgestimmten Zeiten klingeln. Üben sie nur unter kontrollierten Bedingungen – der Hund darf nicht in sein ursprüngliches Verhalten zurückfallen. Bei unerwartetem Besuch muss der Hund sicher verwahrt werden, um nicht alle bisherigen Erziehungserfolge zunichte zu machen. Der Hund lernt nun, dass Besuch Aufmerksamkeit für ihn selbst bedeutet. Nur während Besuch da ist, kümmert man sich um das Tier. Der Besuch begrüßt ihn mit Leckerlis und Streicheleinheiten. Sobald der Besuch gegangen ist, wird der Hund wieder so gut möglich ignoriert. Bereits nach kurzer Zeit verbindet der Hund: Besuch = Aufmerksamkeit und wird Besucher freudig begrüßen.

Während des Trainings wird jedes Ausbleiben eines Drohverhaltens gegenüber dem Besuch mit Futter und Lob oder Spiel belohnt. Wichtig ist, dass alle Beteiligten genauestens informiert sind und im Vorfeld mit Leckerlis oder Spielzeug ausgestattet werden (Leckerlidose am Hoftor). Reagiert ein Hund bereits auf die Annäherung an das Hoftor aggressiv, so beginnt das Training quasi auf der Straße. Die Versuchsperson nähert sich langsam bis zur Aggressionsschwelle des Hundes. Sobald er unruhig wird, stoppt die Person und entfernt sich wieder.

Diese Entfernungsschwelle wird nun täglich etwas verringert bis der Besucher die Haustür erreichen und klingeln kann. Bei den ersten Klingelversuchen muss der Hund an seinem Platz bleiben, während der Besitzer die Tür kurz öffnet und wieder schließt. Das Ziel sollte sein, dass nach 2-3 Wochen der Hund das Eintreten eines Besuchers akzeptiert ohne zu drohen.

Sobald der Hund Anzeichen einer Aggression zeigt, so ist man zu schnell vorgegangen und muss nun die Entfernung zwischen Hund und Besucher wieder erhöhen um sie dann langsam wieder zu verringern.

Bachblüten:

Holly	- gegen Aggressionen
Beech	- zur Erhöhung der Toleranzschwelle
Cerato	- bei übermäßigem Territorialverhalten aufgrund mangelndem Selbstvertrauens
Cherry Plum	- unterdrückt unbeherrschtes Verhalten
Red Chestnut	- gegen übertriebene Beschützerinstinkte
Vine	- gegen übermäßiges Dominanzstreben und zu autoritäres Verhalten

6.3 Was tun gegen Angstbeißer?

In den seltensten Fällen ist dem Hund die Angst angeboren. Meist sind negative Erfahrungen die Ursache. Der Hund erlebt eine Situation, die mit Schmerzen oder Schreck verbunden ist und entwickelt daraus Angst vor dieser Situation. Sobald sich eine ähnliche Situation ankündigt, zeigt er Furcht, verkriecht sich, knurrt oder – falls er keinen anderen Ausweg sieht, schnappt er sogar zu. Zum Entsetzen seiner Besitzer und des „Opfers“

Die Angst kann auch in der „Kinderstube“ begründet sein. Welpen ahmen ihre Mutter nach. Ist diese ängstlich, scheu und verkriecht sich bei jeder Gelegenheit, übt sie einen negativen Einfluß auf ihre Jungen aus, die das Mutterverhalten als normal ansehen. Solche Welpen sollten möglichst früh von einer extrem ängstlich Mutter getrennt werden, bevor dieses Angstverhalten sich noch nicht gefestigt hat.

Wie lässt sich die Angst beim Welpen vertreiben?

Bei dem jungen Hund entwickelt sich Angst erst ab der 7. Lebenswoche und ist eine in diesem zarten Alter völlig natürliche Schutzfunktion. Sie kann ihn vor Gefahren schützen und ihm in kritischen Situationen sogar sein Leben retten. Angst ist in dieser Phase erwünscht und sollte nur dann als Fehlverhalten gesehen werden, wenn der Welpe übertrieben scheu ist und seine Furcht die in diesen Wochen ebenfalls natürliche Neugierde überdeckt.

Kann man den älteren Hund noch umerziehen?
Wenn negative Erfahrungen die Ursache sind, lässt sich Angstverhalten auch beim älteren Hund noch zurückdrängen. Allerdings dauert das seine Zeit. Je tiefer die Angst verwurzelt ist, desto mehr Geduld und Arbeit sind nötig. Zuerst müssen die Situationen, in denen die Angst auftritt, erkannt werden, der Hund muss ausgiebig beobachtet und seine Reaktionen eingeschätzt werden. Dann werden ähnliche Situationen immer wieder provoziert – der Hund muss jedoch die Möglichkeit haben, sich die ganze Sache in Ruhe und aus Entfernung anzusehen, er darf keinesfalls überfordert werden, da dies seine Angst noch steigern würde. Der Abstand zum angstauslösenden Objekt (z.B. bei der häufigen Angst vor Pferden, LKW`s , Personen mit Regenschirm ect....) wird langsam verringert. Der Hund darf jedoch keine Fluchtmöglichkeit haben sondern muss langsam lernen, dass ihm in der Nähe seines Besitzers nichts passiert. Je häufiger er nun derart positive Erfahrungen macht, desto selbstsicherer wird er werden und ähnlichen Situationen von mal zu mal gelassener entgegensehen.

Kann ein Zweithund helfen?
Wenn der Zweithund ein ausgeprägtes Selbstbewusstsein, eine hohe Toleranzschwelle gegenüber Artgenossen hat und gut erzogen ist, kann er eine große Hilfe darstellen. Er kann dazu beitragen, beim Angsthasen die Furcht zu mindern. Der Angsthase hat so die Möglichkeit, sich in kritischen Situationen an dem Partner zu orientieren. Falls aber der Zweithund im Laufe der Zeit Eifersucht zeigt und sich tyrannisch verhält, erreicht man genau das Gegenteil. Die Wahl des zweiten Hundes sollte also mit Ruhe und Bedacht erfolgen.

Bekommt man auf dem Hundeplatz Hilfe?
Wenn der ängstliche Hund den Umgang mit Artgenossen nicht gewohnt ist, kann das Spiel auf dem Hundeplatz das Selbstbewusstsein fördern. Der Hund muss jedoch unbedingt ein großes Vertrauen zu seinem Menschen haben und man muss ihm genügend Zeit lassen, mit den anderen Hunden in Kontakt zu treten. Verständnisvolle Ausbilder sind wichtig, da nicht jeder ein Gefühl für „Feiglinge“ hat.

Hat der Hund eindeutig Angst vor anderen Hunden, beruht dies meist auf negativer Erfahrung bei Begegnungen. Er sollte über längere Zeit hinweg nur positive Spielerlebnisse haben, berüchtigte „Raufer“ sollten gemieden werden Wenn er wirklich einmal gebissen wird, sollte er sofort danach wieder mit lieben Hunden spielen dürfen und keinesfalls aus Angst vor weiteren Vorfällen von seinem Halter isoliert oder ausschließlich an der Leine gehalten werden.

Kann man einen Angstbeißer umerziehen?
Ja, aber nur mit viel Konsequenz und Geduld und ohne jeglichen Strafen. Ein Angstbeißer schnappt nicht aus Aggressivität oder Beschützerinstinkt, sondern will mit dem Biß einem erwarteten Schmerz oder Schock – oder beidem - zuvorkommen.

Der Hunde-Halter muss als Vorbild wirken und durch sein Verhalten beweisen, dass die Angst des Hundes unbegründet ist – er muss ihm Sicherheit vermitteln.

Was hilft, wenn der Hund in Panik gerät?
In Paniksituationen ist es wichtig, dass der Mensch – nach dem sich der Hund orientiert, absolut ruhig und gelassen bleibt und keinerlei Nervosität zeigt. Je näher Mensch und Hund sich stehen, desto mehr wird diese Ruhe sich übertragen. Übermäßige tröstende und beruhigende Ansprache ist ebenso unangebracht wie ein zu forsches Vorgehen. Der Hund soll lernen, seinem Herrn ruhig und gelassen zu folgen und die eigene Angst zu überwinden.

Wie kann der Hund schlechte Erfahrungen vergessen?
Alle negativen Erfahrungen müssen möglichst unmittelbar danach durch das Gegenteil kompensiert werden. Ein Hund, der versehentlich einen Schubs oder Tritt bekam, muss sofort spüren, dass das eine Ausnahme war und dass in der gleichen Situation normalerweise nichts passiert.

Wann sollte ein Angstbeißer bestraft werden?
Gar nicht! – Strafe würde alle Anstrengungen zunichtemachen.

Bei einem furchtsamen Hund darf Strafe währen der gesamten Erziehung nicht angewandt werden. Sie würde alles noch verschlimmern. Er würde nicht verstehen, weshalb er zusätzlich zu seiner Angst auch noch von seinem Herrchen oder Frauchen, denen er vertraut – bestraft wird. Geduld, Zuwendung, Konsequenz von einem Menschen, den der Hund voll akzeptiert ist wichtiger. Er kann ihm vermitteln, dass seine Angst unbegründet ist und sein Selbstbewusstsein langsam aber sicher fördern. Einem ängstlichen Hund kann die Leine Schutz und Sicherheit signalisieren – man sollte ihn daher in kritischen Situationen auch nicht alleine lassen – nach dem oft propagierten Motto: Die Hunde einigen sich schon untereinander. Bei Angstbeißern, welche ohne vorherige Drohung zuschnappen unterstützt man die Therapie mit dem homöopathischen Mittel Belladonna D 30, anschließend Calcium carbonicum D 200.

Beißt der Hund nach vorheriger Drohung zu, so gibt man Hyoscyamus D 30.

Bachblüten:

Aspen	- gegen unklare Ängste und Schreckhaftigkeit
Beech	- zur Toleranzsteigerung und Aggressivitätssenkung
Cherry Plum	- gegen unbeherrschtes Verhalten und innere Spannungen (beim Angstbeißer)
Gentian	- gegen die Angst vor Neuem und gegen Skepsis
Holly	- gegen Aggressionen (beim Angstbeißer)
Star of Betlehem	- zur Verarbeitung einer früheren Schocksituation, eines traumatischen Erlebnisses

6.4 Aggressionen unter Artgenossen

Vom Raufbold zum Gentleman

Auch bei diesen Problemen liegen die Ursachen häufig im mangelnden Kontakt zu Artgenossen während der wichtigen Prägephasen und in der Zeit des Teenageralters.

Wenn ein Hund mit jedem anderen Streit anfängt, wird der Spaziergang zur Zitterpartie mit hohem Stressfaktor und macht auf Dauer weder dem Tier noch dem Halter Spaß. An Entspannung ist nicht mehr zu denken, wenn man damit rechnen muss, dass der vierbeinige Freund auf jeden Artgenossen wütend losgeht.

Dass Hunde beim ersten Zusammentreffen ihre Kräfte messen und dabei oftmals nicht gerade zimperlich miteinander umgehen, ist völlig normal. Wenn sich aber einer der beiden dabei nicht an die hundeüblichen „Spielregeln" hält und böse zubeißt, wird aus der kleinen harmlosen Reiberei und Rangelei leicht eine blutige und ernste Schlacht. Und wenn ein Hund sich wütend auf jeden anderen, der in seine Nähe kommt, stürzt, wird er zum Problemhund für den Besitzer.. Der „gute Ruf" von Hund und Halter ist schnell dahin. Hat er vielleicht schon mehrfach ernsthaft zugebissen und dabei unter Umständen sogar einen deutlich kleineren und unterlegenen Hund verletzt, drohen sogar Anzeigen und ggf. Leinen – und Maulkorbzwang. Auch versicherungstechnisch wird es über kurz oder lang Probleme geben, wenn die Tierhalterhaftpflicht (die selbstverständlich für jeden Hund abgeschlossen werden sollte) die Begleichung weiterer Tierarztrechnungen ablehnt.

Nach anfänglichen, meist noch harmlosen Reibereien verschärfen die Situationen sich meist von mal zu mal. Die Gründe hierfür sind:
Herrchen oder Frauchen verändern ihr Verhalten, da sie die nächste Konfrontation und Keilerei schon ängstlich erwarten, sobald in der Ferne ein Hund auftaucht. Die innere Spannung des Hundehalters überträgt sich unvermeidbar auf den Hund und

erzeugt eine hochexplosive Spannung beim ohnehin aggressiven Hund. Wenn der Rauflust ein Ende gesetzt werden soll, müssen sich beide ändern: Herr und Hund. Ein konsequentes Training in Form eines Sieben-Punkte-Programmes hat sich hierbei sehr bewährt:
Wählen sie einen Ort und eine Zeit aus, wo Sie garantiert keinem anderen Hund begegnen. Günstig ist es, wenn der Hund die Gegend nicht kennt, da ihn das verunsichert. Nehmen sie sich hierfür viel Zeit!

Nach einer anfänglichen Freilaufphase gehen sie mit dem Hund an der kurzen Leine. Wechseln sie ständig Tempo und Richtung und bestehen sie auf Gehorsam ihres Hundes und darauf, dass er sich ihnen anpasst. Ist er gehorsam, wird er durch Freilauf und Spiel belohnt. Weigert und widersetzt er sich ihnen, so muss er gegebenenfalls auch durch einen etwas schärferer Leinenruck zum Gehorsam „überredet" werden. Diese Unterordnungsübungen sind enorm wichtig, um die Rangordnung zwischen ihnen und dem Hund – für spätere Krisensituationen – zu festigen. Während der Freilaufzeit, die vor und nach jeder Leinenübung gewährleistet sein muss, sollte das Tier ununterbrochen beschäftigt werden. Apportierspiele, „Komm", „Sitz" und „Platz und Bleib"-Übungen fordern den Hund laufend und zwingen ihn, sich auf den Halter zu konzentrieren. Das Lob nach jeder gelungenen Übung darf keinesfalls vergessen werden!

Wählen Sie ein Lieblingsspiel ihres Hundes (z.B. Wettrennen) und fügen Sie es während der Spaziergänge ein. Loben Sie ihn, als hätte er etwas Phantastisches vollbracht und belohnen Sie zusätzlich mit einem kleinen Leckerbissen. Wichtig: Leckerbissen und dieses besondere Lob gibt es ausschließlich bei diesem Spiel, das grundsätzlich mit einem Kommando wie z.B. „Pass auf!" eingeleitet wird.

Jetzt proben sie den „Ernstfall", und verabreden Sie sich mit einem bekannten und eingeweihten Hundebesitzer mit Hund: Machen sie dieselben Übungen an der Leine wie immer und passieren sie den „Gegner" in einiger Entfernung. Klappt dies, lassen sie ihren „braven" Hund frei und spielen mit ihm das Lieblingsspiel. Verhält er sich – noch an der Leine - aggressiv, muss der Ruck am Halsband folgen und sie bestehen unbedingt auf gehorsamem „Bei Fuß gehen". Nun drehen sie und der „Feind" um und üben erneut die Begegnung. Solange, bis es klappt. Wichtig: Keinesfalls ohne Erfolg abbrechen!!

Sobald sie sicher sein können, dass ihr Raufbold andere Hunde anstandslos passieren lässt, machen sie die Probe ohne Leine. Beide Hunde sollten hierbei frei laufen. Unmittelbar vor der Begegnung lenken sie die Aufmerksamkeit ihres Hundes auf sich („Pass auf!") und starten sein Lieblingsspiel. Nun zeigt es sich, wie konsequent sie bisher gehandelt haben. Wenn sie alles richtig machten, so wird ihr Hund jetzt seine Rauflust zugunsten des freudigen Spieles „vergessen“. Bei Erfolg bejubeln sie ihn ruhig übertrieben und verdoppeln sie die Belohnung. Wenn es nicht klappt, heißt es für alle Beteiligten: Zurück zu Punkt 5.

Die Probe aufs Exempel ist der erste Spaziergang in der heimischen Umgebung. Sie müssen die Ruhe selbst sein, dürfen den Hund keinerlei Aufregung spüren lassen und sollten versuchen, sich ihres friedlichen Freundes sicher zu sein. Macht er Anstalten sich wie früher ins Getümmel zu stürzen, so greifen sie erneut zu dem Mittel der Ablenkung („Paß auf!“) in möglichst ruhigem, energischen Ton. Jede hysterische Reaktion muss unbedingt vermieden werden

Denn ihr Hund und das sollte man als Hundehalter niemals vergessen, spürt jede Unsicherheit, jeden falschen Ton sofort – und reagiert darauf nach Hundeart! Eine unterstützende Bachblütentherapie zum Aggressionsabbau und Toleranzsteigerung sollte zusätzlich angewandt werden.

Nach erfolgreicher „Umerziehung“ können sie sich dann hoffentlich auch wieder auf gemeinsame Spaziergänge mit anderen Hundehaltern freuen und auch ihr Hund kann das Toben und Spielen mit den Artgenossen wieder Stressfrei genießen.

Bachblüten:

Holly	- gegen Wut und Gewalttätigkeit
Willow	- gegen Verbitterung aufgrund früherer Erfahrungen
Star of Betlehem	- um eventuelle Negativerlebnisse zu verarbeiten
Vine	- gegen Intoleranz und gegen zu viel Dominanz

Ernstkämpfe

Diese kommen unter Hündinnen weit häufiger vor als unter Rüden. Hierbei steigern sich die Tiere derart in ihre Wut hinein, dass sie keinen momentanen Schmerz mehr verspüren und „auf Leben und Tod“ kämpfen. Bei dem Versuch, die beiden Tiere voneinander zu trennen, kann auch der jeweilige Besitzer verletzt werden, da die Hunde blind und taub zu sein scheinen und sich nur noch ausschließlich auf ihren vierbeinigen Gegner konzentrieren und unter Umständen unkontrolliert um sich beißen. Die Hunde müssen in einem Ernstkampf jedoch unbedingt getrennt werden, da dieser sonst durchaus mit schwersten Verletzungen oder dem Tod eines der beiden Tiere enden kann. Sofern vorhanden, hilft meist ein Guß kaltes Wasser aus einem Schlauch oder Eimer. Ist dies nicht möglich, so greift jeder Hundebesitzer die Rute seines Hundes und auf Kommando zieht jeder seinen Hund zu sich.

Vorsicht: Auch hier kann ein Übergriff gegen das eigene Herrchen aufgrund der enormen Anspannung geschehen. Hunde, die einmal in einen Ernstkampf verwickelt waren, werden mit Sicherheit bei einer erneuten Begegnung ohne Vorwarnung wieder übereinander herfallen. Die Besitzer müssen daher Sorge dafür tragen, dass die beiden sich künftig nicht mehr über den Weg laufen. Oftmals hilft hier nur eine Absprache der täglichen Spazierwege um sich nicht mehr zu begegnen. Ernstkämpfer werden niemals Freunde!

6.5 Zwei Hündinnen – ständiger Kampf?

Wer schon einmal einen Hündinnen-Kampf beobachtet hat, weiß, dass diese Auseinandersetzungen sehr ernste Folgen haben können. Während bei Rüden der „Stärkere" meist irgendwann vom Unterlegenen ablässt, kommt es bei Hündinnen häufiger zu Ernstkämpfen, welche in Ausnahmefällen bis zum Tode eines der Tiere führen können.

Im natürlichen Hunderudel gibt es die Alttiere, die Helfer sowie die Jungtiere. Die Rangordnung ist abhängig vom Alter und von der Durchsetzungsfähigkeit des einzelnen Hundes. Normalerweise testen die Hunde sich gegenseitig aus und beobachten sich ständig. Nach einer gewissen Zeit steht die Rangordnung fest und ein harmonisches Miteinander beginnt. Wenn es jedoch immer wieder ernsthafte Beißereien mit Verletzungen gibt, stimmt etwas im „Rudel" nicht. Bei Haltung mehrerer Hündinnen hat der Besitzer, das menschliche „Alttier", gegenüber den hündischen „Helfern" etwas falsch gemacht!

Mehrere Hündinnen zu halten wirft wesentlich häufiger Probleme auf als z.B. eine Paar-Beziehung Rüde/Hündin oder 2 Rüden. Schwierig und oft unmöglich ist die Haltung zweier in etwa gleichaltriger Hündinnen, da sich hierbei keine stabile Rangordnung bilden kann. Die einfachste Variante ist wohl noch die einer Mutter-Tochter-Beziehung, welche meist friedfertig verläuft. Daher sollte man unbedingt darauf achten, eine junge Hündin zu einer deutlich älteren anzuschaffen – wenn es denn unbedingt sein muss.

Die drei Bedingungen eines harmonischen Zusammenlebens:
Das ältere Tier muss größenmäßig und vom Temperament her jederzeit in der Lage sein, die Führungsrolle auszuüben.

Der Mensch muss diese „Mutter-Rolle“ respektieren und fördern, indem die Ältere z.b. als erstes gefüttert wird, vor der Jüngeren begrüßt wird, ihr angestammte Lieblingsplatz ausschließlich ihr zusteht, etc.

Die jüngere Hündin darf niemals auch nicht versehentlich durch Besitzer oder Kinder zu Aufmüpfigkeiten/Kämpfchen mit der älteren ermuntert werden. Die jüngere muss täglich wieder an deren Rangordnungsplatz verwiesen werden und jegliche Art von Respektlosigkeit muss sofort unterbunden werden. Hierzu gehören insbesondere Versuche, sich beim Fressen vorzudrängeln.

Tägliche Unterordnungsübungen mit beiden Hündinnen sollten zum Pflichtprogramm gehören: Sitz, Platz usw. Diese sollten konsequent aber ruhig und von oben herab wie selbstverständlich durchgeführt werden. Bei einer derartigen Konstellation ohne viel Lob und ohne Aufregung um keine angespannte, hektische Atmosphäre zu schaffen.

Wenn es im Rudel „brodelt“

Auch in einer stabilen Rangordnung wird es immer wieder angespannte Situationen geben. Als Besitzer muss man sich im Klaren sein, dass bei zwei Hündinnen schon kleinste Unstimmigkeiten bei falschem Verhalten des „Rudelführers Mensch“ zu grossen Schwierigkeiten führen kann. Bei den geringsten Anzeichen beginnenden Ärgers verzichtet man auf jegliche Art von Zuwendung, Streicheleinheiten und Spiel um die Situation nicht noch zu verschärfen.

Ein sehr sinnvolles Hilfsmittel ist auch hier die Wasserpistole. Ein gezielter Schuss ins Gesicht lenkt jeden Hund erst mal von dem anderen ab und eine Einwirkung durch den Besitzer wird wieder möglich.

Jede Läufigkeit sollte unbedingt verhindert werden. Läufigkeiten sind die kritischsten Phasen überhaupt im Zusammeleben mehrerer Hündinnen. Sofern es sich nicht um Zuchttiere handelt, sollte in jedem Falle die jüngere kastriert werden.

Idealerweise und für ein entspanntes Miteinander empfiehlt sich die Kastration aller Hunde. Zum besseren Verständnis sollte man sich im Klaren sein, dass in der Natur stets nur ein Alttier berechtigt ist, läufig zu werden und Nachwuchs zu zeugen. Konkurrentinnen werden erbarmungslos bekämpft.

Man darf niemals der Junghündin Aufmüpfigkeiten durchgehen lassen. Die Althündin wird nicht nachgeben. Nie. Sie wird sich bis zum notfalls bitteren Ende wehren und kämpfen. Aus Krieg und Kampf jedoch kann keine stabile Ordnung entstehen. Hieraus resultiert stets Feindschaft und Chaos – genau wie bei den Menschen.

Im Vorfeld der Anschaffung sollte daher genauestens überlegt werden, welche Zusammensetzung sinnvoll ist. Idealerweise sollte es ein kastriertes Pärchen sein, alternativ zwei Rüden, ungünstiger sind zwei Hündinnen (wenn dann möglichst Mutter und Tochter). Auf gar keinen Fall sollte man in etwa gleichaltrige, unkastrierte Hündinnen zusammenführen.

Nur erfahrene Hundehalter sollten sich überhaupt an die Konstellation zweier Hündinnen heranwagen und sich über die ständigen Anforderungen als „Rudelchef" im Klaren sein. Bei ernsten Problemen sollte man sich an einen Tiertherapeuten/Tierpsychologen wenden, bevor man gezwungen ist, eines der Tiere abzugeben.

Bachblüten:
Für die Ranghöhere Hündin:

Larch	- zur zusätzlichen Steigerung des Selbstbewusstseins
Holly	- Zur Steigerung der Toleranzschwelle
Beech	- gegen Aggressionen

Für die rangniedrigere Hündin:

Water Violet	- zur Unterstützung der Demutshaltung
Vine	- gegen überschäumende Dominanz
Willo	- gegen Neid und Mißgunstgefühle
Vervain	- gegen innere Spannungen
Impatiens	- gegen Ungeduld und Nervosität

6.6 So vertragen sich Hund und Katze

Vorausgesetzt, dass beide noch keine unangenehmen Erfahrungen mit der anderen Gattung erlebt haben, ist die Zusammenführung meist unproblematisch.

Wichtig ist, dass sich der Halter vorab überlegt, wie er beide möglichst Stressfrei aneinander gewöhnen kann. Haben die Tiere – evt. durch unüberlegtes Handeln des Besitzers – erst einmal eine Aversion gegen das andere Tier aufgebaut, wird es sehr viel komplizierter.

Eine Katze kommt zu einem Hund

Diese Konstellation verläuft bei der richtigen Eingewöhnung meist recht problemlos, da Hunde Rudeltiere sind. Vorab sollte man jedoch bedenken, dass die Charaktere beider sich ergänzen sollten. Ein älterer Hund wird von einer allzu aktiven jungen Katze nicht begeistert sein, wenn er sich von ihr allzusehr gestört fühlt. Zu einem lebhaften aktiven Hund passt keine scheue, ängstliche Katze. Die Auswahl der entsprechenden Katze darf daher nicht zu impulsiv sondern sollte mit entsprechender Überlegung erfolgen.Idealerweise sollte man dem Hund den Geruch der Katze vorab mittels eines Lappens oder Kleidungsstückes (die Katze damit abreiben!) vertraut machen. Auch die Katze kann man derart auf ihren neuen „Partner“ vorbereiten.

Die neu hinzu gekommene Katze bekommt einen separaten Raum mit Katzenklo, Wasser, Futter- und Schlafplatz zugewiesen, wo sie anfangs isoliert wird. **Langsam** erfolgt die Gewöhnung aneinander. Sicherheitshalber sollte sich bei dem ersten Kontakt die Katze in einer Transportbox und der Hund an der Leine befinden. Eine zweite Person kann hierbei sehr hilfreich sein.

Bei aufkommenden Aggressionen werden beide wieder eine Weile getrennt und man beginnt von Neuem.

Das Wichtigste ist nun die Ruhe des Menschen, da Nervosität und Hektik sich unweigerlich auf die Tiere überträgt.

Nach einigen Minuten des ersten Kontaktes kommt die Katze zurück in ihr Zimmer und mit dem Hund geht man zur Belohnung spazieren und spielt mit ihm. Nach einigen Tagen lässt man den Hund in das Katzenzimmer, während sich die Katze im Rest der Wohnung frei bewegen darf. So kann jeder sich geruchlich mit dem anderen vertraut machen. Bei den ersten direkten Kontakten sollte der Hund angeleint sein um evt. Probleme unter Kontrolle zu halten. Verhält er sich positiv und ruhig so wird er ausgiebig gelobt. Später wird die Zimmertür geöffnet und mit einem Gitter gesichert, damit die Katze noch einen sicheren Zufluchtsort hat. Eine bereitgehaltene Wasserspritzpistole kann bei einem möglichen Konflikt gute Dienste erweisen. Die beiden Tiere dürfen vorerst nur Kontakt zueinander haben, wenn sie baufsichtigt werden. Erst wenn sie sich gegenseitig völlig akzeptiert haben, dürfen sich beide auch bei Abwesenheit des Besitzers frei im Haus bewegen. Besonders der Hund benötigt zusätzliche Zuwendung um Eifersucht zu vermeiden. Für die Katze sollte ein erhöhter Platz eingerichtet werden, wo sie sich bei „Krisensituationen“ in Sicherheit bringen kann.

Ein Hund kommt zu einer Katze

Da Katzen potentielle Einzelgänger sind, kann diese Zusammenführung etwas schwieriger werden. Vor allem das ungewohnte laute Bellen kann Mieze sehr erschrecken. Die Gewöhnung an dieses unbekannte Geräusch kann schon im Vorfeld mit Hilfe einer Geräusche-CD erfolgen oder aber man besorgt sich Hundegebell auf MC – z.B. auf einem Hundeplatz oder von befreundeten Hundehaltern. Diese Geräusche werden der Katze zuerst leise mit allmählich steigender Lautstärke vorgespielt. Der Futterplatz der Katze sollte an erhöhter Stelle plaziert werden, damit sie dort nicht gestört wird. Auch hieran sollte man sie schon im Vorfeld gewöhnen. Die Katzentoilette sollte für den Hund nicht zugänglich sein. Leider fressen viele Hunde gerne Katzenkot und ausserdem könnte die Katze mit Unsauberkeit reagieren, wenn sie an ihrem „stillen Örtchen“ nicht ihre Ruhe hat.

Für den Fall, dass man den Hund isolieren muss, sollte ein Gitter für in den Türrahmen bereitstehen. Bei der Ankunft des Hundes muss dieser an der Leine gehalten werden und sollte möglichst von einer Dritten Person gebracht werden.

Ebenso wie bei der Einführung der Katze bekommt in diesem Falle der Hund ein separates Zimmer für die ersten Tage zugewiesen. Die weitere Gewöhnung erfolgt in gleicher Weise.

Besonders wichtig ist es, den normalen Tagesablauf beizubehalten und das „ältere“ Tier nicht zu vernachlässigen!

Die üblichen Streicheleinheiten, Spiel- und Fütterzeiten sollten unverändert bleiben, um dem alteingesessenen Tier (egal ob dies der Hund oder die Katze ist) ein gewisses Maß an Normalität zu erhalten bis es sich an den Neuling gewöhnt hat.

Bachblüten

Für das „erste“ Tier

Walnut	- um die veränderte Lebenssituation zu akzeptieren
Vine	- um Tyrannei und Aggressionen zu verhindern
Holly	- zur Steigerung der Toleranz
Star of Betlehem	- um den „Schock“ des Neuzugangs zu verarbeiten

Für das hinzugekommene Tier:

Walnut	- um die veränderte Lebenssituation zu akzeptieren
Star of Betlehem	- um den „Schock“ des Heimatwechsels zu verarbeiten
Rock Rose	- gegen aufkommende Panik
Aspen	- gegen unbestimmte Ängste

7. THERAPIE UND BACHBLÜTEN

Verhaltensstörungen durch Ängste

Ein Hund zeigt Angst durch angelegte Ohren, eine geduckte Körperhaltung, wildes Bellen, Hektik, Bewegungsstereotypen oder Beißen.

Angst entsteht entweder durch ein entsprechendes Erlebnis oder aufgrund einer ungewohnten Situation. Bei letzterem ist der Hund unsicher – häufig dadurch dass er sich in dieser Situation alleingelassen fühlt und niemand da ist, der ihm das richtige Verhalten auf hundliche Art erklärt, kein Führer, der ihm zeigt, dass diese Situation ungefährlich ist. Viele Dinge können Angstgefühle auslösen: Ein Gegenstand, eine Person, ein Geräusch, ein Vorkommnis. Beim nächsten Kontakt mit dieser angstauslösenden Situation wird der Hund erneut erschrecken und Angst zeigen, da er bei dem ersten Erlebnis „gelernt" hat, dass dieser Moment für ihn bedrohlich ist.

Um Ängste zu bekämpfen, muss der Auslöser herausgefunden werden. Das unerwünschte Verhalten muss gelöscht und durch gewünschtes Verhalten ersetzt werden. Der Hund muss durch einen – auf das jeweilige Angstproblem – aufgestellten Trainingsplan aus seiner Stresssituation befreit werden.

Hierbei ist es wie bei allen Maßnahmen zur Verhaltenstherapie unabdingbar, dass der Hund seinem Herrn bedingungslos vertraut und diesen als Rudelführer akzeptiert. Nur wenn der Herr die nötige Selbstsicherheit, Ruhe und Kompetenz ausstrahlt, so kann er seinem Hund die Kraft geben, seine Ängste zu überwinden. Ein gutes homöopathisches Mittel bei Ängsten vor allem Neuen ist Argentum nitricum D 12.

7.1 Angst vor dem Autofahren

Er jault, bellt ununterbrochen, zittert oder erbricht sogar während der Fahrt... Manche sind gar nicht zum freiwilligen Einsteigen zu bewegen, andere betrachten das Auto als ihr Heim erster Ordnung und verhalten sich derart aggressiv im Fahrzeug, dass überholende Fahrer oder vorbeigehende Passanten erschrecken.

Die Ursachen liegen oft schon in der ersten Autofahrt im Leben des Welpen begründet. Aus seiner behüteten Umgebung im Kreise seiner Geschwister und seiner Mutter wird er von fremden Menschen abgeholt und in einem schaukelnden, lauten

Ungeheuer abtransportiert. Er fühlt sich verlassen und kann die akustischen sowie die optischen Eindrücke der vorbei flitzenden Landschaft nicht verarbeiten. Hiermit ist die künftige Angst vor dem Autofahren vorprogrammiert.

Vorab muss festgestellt werden, was genau dem Hund Angst macht: Ist es das Motorengeräusch, die vorbeisausende Landschaft (Fenster abdunkeln!), sich nähernde Personen oder kurvenreiche Fahrten. Dementsprechend wird der Hund nun systematisch desensibilisiert.

Die richtige Gewöhnung ans Autofahren
Ideal ist es, wenn der verantwortungsbewusste Züchter die Welpen bereits an das „Ungeheuer“ Auto gewöhnt. Dies kann jedoch auch der zukünftige Hundebesitzer bei den vorab stattfindenden Besuchen (diese sollten mehrmals stattfinden!) übernehmen.

Zuerst wird der Welpe an den Innenraum des stehenden Fahrzeuges gewöhnt. Es wird geschmust, gestreichelt, gespielt und ausgiebig gelobt. Nun wird der Motor angelassen und der junge Hund weiterhin abgelenkt. Bei dem ersten Versuch sollte das Fahrzeug noch nicht bewegt werden!

Wenn der Welpe keine Angst im Auto zeigt, kann man beim nächsten Versuch einige Meter fahren. Hierbei sollte eine Zweitperson den Hund auf der Rückbank beruhigen. Ruckartige Lenk- und Bremsbewegungen sind unbedingt zu vermeiden! Eine kurze, langsame Fahrt um den Block sollte fürs Erste genügen. Die Fahrtdauer wird dann langsam gesteigert. Zunehmend wird der Hund an das Kurvenfahren und auch an plötzliches Bremsen gewöhnt.

Wenn der Hund bereits Ängste entwickelt hat:
Dies ist häufig bei etwas älteren Hunden zu beobachten, die bereits unangenehme Erfahrungen mit dem Autofahren verbinden. Besonders schwierig ist es, falls der Hund eine Angstneurose aufgrund eines erlebten Unfalles entwickelt hat. Nun ist deutlich mehr Geduld und Einfühlungsvermögen nötig, um dem Tier diese Angst zu nehmen – unabhängig davon, welche Anzeichen der Angst bestehen. Wenn der Hund **ununterbrochen bellt**, muss er ebenfalls zuerst an das stehende Fahrzeug, an vorbeifahrende Autos und vorübergehende Passanten gewöhnt werden. Hierbei wird ihm beruhigend zugeredet. Handelt er aus übermäßiger Erregung, d.h., bellt er nur deshalb ständig, weil er sich auf den bevorstehenden – an die Autofahrt anschließenden Spaziergang – freut, so wird er immer wieder ins Auto gesetzt und nur belohnt, wenn er ruhig ist. Lassen Sie den Motor nicht an, sondern nehmen Sie den Hund wieder hinaus. Zeigt er keine Erregung mehr, lässt man den Motor kurz

an. Erst bei vollkommener Ruhe fährt man ein kleines Stück und belohnt den Hund für ruhiges Verhalten. Hilfreich ist auch, den Hund häufig zu kurzen Fahrten mitzunehmen, denen kein Spaziergang folgt. Zeigt der Hund im umgekehrten Fall eine generelle Angst vor dem Autofahren, so sollte man ihn z.B. nicht nur zum Tierarzt fahren, sondern jede Autofahrt mit etwas angenehmem wie einem Gassigehen verbinden. Leidet der Hund nicht unter Reiseübelkeit, so kann die tägliche Fütterung anfangs vor dem Auto, später im stehenden Wagen stattfinden.

Oft verteidigt der „Teufel" im Wagen nicht nur sein Revier sondern auch den Besitzer. Hier kann es hilfreich sein, den Hund bei Freunden mitfahren zu lassen, um diese Fixation zu lösen. Nach mehreren Versuchen steigt der Besitzer als Beifahrer ein. Erst bei deutlicher Besserung wird wieder im eigenen Fahrzeug mit Herrchen/Frauchen geübt.

Hunde die während der Fahrt **erbrechen**, reagieren sensibel auf das Schaukeln und sollten 12 Stunden vor einer Reise das letzte Mal gefüttert werden. Das Anbieten von Wasser in regelmäßigen Abständen ist hier besonders wichtig. Der Blick durch das geschlossene Fenster sollte diesen Hunden möglich sein. Auch Reisetabletten (unbedingt vom Tierarzt beraten lassen!) können hilfreich sein.

Manche Hunde fühlen sich im Auto in einer Hundebox sicher und geborgen. Dieses Hilfsmittel sollte man vor allem bei Hunden in Erwägung ziehen, welche vor Panik über die Innenausstattung des Wagens (Polster, Gurte oder Innenverkleidung) herfallen.

Generell sollten alle längeren Fahrten mit Hund ca. alle 2-3 Stunden für einen kurzen Spaziergang und das Durststillen unterbrochen werden.

Ist das Vertrauen zwischen Mensch und Hund hergestellt, wird aus dem Angsthasen bald ein angenehmer Beifahrer werden. Bei Dauerkläffern ist die Therapie nicht ganz so aussichtsreich. Zeigen die beschriebenen Übungen nur wenig Erfolg, sollte man sich den fachlichen Rat eines Tierpsychologen einholen und sich ggf. vom Tierarzt ein leichtes, evt. homöopathisches Beruhigungsmittel geben lassen. Bei einer Fahrkrankheit gibt man Nux vomica D 30 und Cocculus D 6 im Wechsel.

Bachblüten:

Aspen	- gegen unbestimmte Ängste aller Art
Mimulus	- gegen die gezielte Angst vor dem Auto
Rock Rose	- gegen aufkommende Panikgefühle

Star of Betlehem - zur Verarbeitung früherer Schocksituationen
Larch - zur Steigerung des Selbstbewusstseins
Rescue: Vor jedem Training und ggf. auch mehrmals während der Übungen

7.2 Hysterie im Straßenverkehr

Nicht wenige – besonders jüngere - Hunde reagieren im Straßenverkehr hysterisch. Dies ist auf eine mangelnde Umweltprägung im Welpenalter zurückzuführen. Besonders Tiere, welche in einer abgelegenen ländlichen Gegend die ersten Lebenswochen verbringen, konnten keine Erfahrungen mit Autos, Radfahrern, LKW`s machen. Mit 6-8 Wochen durchlaufen Jungtiere eine ängstliche Phase, welche jedoch bei richtiger Führung wieder verschwindet. Bekommen diese jungen Hunde jedoch keine Möglichkeit, fremde Eindrücke zu verarbeiten, kann sich dieser Zustand festigen. Hunde, welche z.B. auf einem ruhigen Bauernhof die ersten Wochen ihres Lebens verbringen, haben wohl kaum Gelegenheit, Fahrzeuge kennenzulernen. Der erste Kontakt mit einem hupenden PKW, einem LKW mit quietschenden Bremsen oder einem Bus bedeutet dann einen regelrechten Schock. In der Zeit bis zur 14. Woche sollte daher der angehende Familienhund vorsichtig mit möglichst vielen Situationen vertraut gemacht werden. Je breiter das Spektrum positiver Erfahrungen mit Menschen, Tieren und der Umwelt allgemein ist, um so bessere Startbedingungen hat der junge Hund. Bleibt ihm dies versagt, wird er auch im Erwachsenenalter mit alltäglichen Situationen überfordert sein.. Die Angst verhindert, dass er neue Verhaltensmuster erlernt und kann soweit führen, dass er die schützende Wohnung nicht mehr verlassen will.

Besonders geräuschempfindliche Rassen – z.B. Border Collies und andere Hütehund-Rassen können überaus leicht durch bewegte laute Objekte im Straßenverkehr in stressbedingte Panik verfallen.

Wie kann man dem Hund die Panik vor den Fahrzeugen nehmen?
Ein sich ständig ängstigender Hund ist zu bedauern und es sollte ihm schnellstens geholfen werden. DauerStress hat äußerst negative Auswirkungen auf die gesamte Entwicklung des Tieres. Unter Umständen muss professionelle Hilfe in Anspruch genommen werden. Erste Versuche sollten mit einer systematischen Desensibilisierung unternommen werden. Hierbei wird der Hund behutsam an die angstauslösenden Reize herangeführt, um ihn an Hektik und Lärm zu gewöhnen und die Verhaltensweise in derartigen Situationen zu ändern.

Wichtig ist die unbedingte Führungsrolle des Hundehalters, damit das Tier sich sicher fühlen kann. Auch hier ist wieder die Rangordnung und Dominanz äußerst wichtig. Solange der Hund z.B. an der Leine zieht, ist der Mensch am anderen Ende der Leine nicht in der Lage, die Führungsrolle zu übernehmen und dem Hund Sicherheit zu vermitteln. Dies sollte als erstes in einer guten Hundeschule trainiert werden.

Keinesfalls darf man versuchen, den Hund zu beruhigen!
Mit dem Versuch, das Tier durch gutes Zureden oder Streicheln zu beruhigen erreicht man das genaue Gegenteil. Statt dessen sollte man den Vierbeiner in einer ruhigen Seitenstraße an lockerer Leine „bei Fuß" führen, Aufregungen und Eskapaden ignorieren und zügig vorangehen. Der Besitzer selbst muss ruhig und gelassen bleiben . Der aufgeregte Hund fühlt ganz genau, ob Herrchen oder Frauchen selbst „Angst" vor der Situation (oder vor der Reaktion des Hundes) hat. Am Ende der Straße und bei relativ ruhigem Verhalten wird der Hund gelobt und belohnt. Eine solche kurze Trainingsstrecke sollte am Anfang und Ende jedes Spazierganges eingebaut werden. Zwischendurch muss der Hund die Möglichkeit haben, sich ausgiebig auszutoben, um die Spannung wieder abzubauen.

Erst wenn der Hund die ruhigen Seitenstraßen gelassen meistert, darf man sich mit ihm in verkehrsreichere Gegenden wagen. Spaziergänge in der Innenstadt oder am Rande einer Autobahn sind im übrigen sowieso weder für den Hund noch für den Menschen gesund und erholsam. Ebenfalls ist zu überdenken, ob unser Hund unbedingt den Lärm eines Rummelplatzes o.ä. „brav" über sich ergehen lassen muss. Eine gewisse Lärmempfindlichkeit sollte jedem Lebewesen zugestanden werden. Die „normale" Bewegung auf der Straße gehört jedoch dazu und daher in das Ausbildungsprogramm jedes Hundes.

Bachblüten

Mimulus	- gegen spezifische Ängste vor dem Lärm und den Fahrzeugen
Aspen	- gegen undefinierbare Ängste
Larch	- zur Steigerung des Selbstbewusstseins
Rock Rose	- gegen aufkommende Panikgefühle
Rescue	- anfangs vor jedem Gang auf die Straße, als Einnahmemischung in kurzen Abständen

7.3 Angst vor Lärm (Knallgeräusche, Gewitter, Silvester)

Diese Angst kann entweder in seltenen Fällen auf einer angeborenen Empfindlichkeit beruhen aufgrund schlechter Erfahrungen erworben sein oder durch mangelnde Erfahrungen mit diesen Situationen auftreten. Angeborene, genetische Überempfindlichkeit lässt sich im besten Fall günstig beeinflussen, beseitigen kann man sie jedoch nicht. Weitaus häufiger resultiert jedoch die Angst aus einer Schrecksituation heraus. Der Hund verbindet jedes Knallgeräusch mit seinem damaligen Schrecken und reagiert unvermittelt mit Angstgefühlen. Die nun nötigen Verhaltensmaßnahmen gleichen jenen, welche bei Tieren angewendet werden, die aufgrund mangelnder Früherfahrungen entsprechende Geräusche nicht kennenlernen konnten und daher ängstlich hierauf reagieren. Manche Welpen werden recht abgeschottet aufgezogen und sind später gegenüber allen lauten Geräuschen übersensibilisiert. Gerade bei Welpen wird häufig der Fehler gemacht, dass der Welpe, sobald er sich z.B. durch einen herunterfallenden Schlüsselbund oder während des ersten Donners seines jungen Lebens erschrickt, von dem Besitzer ausgiebig getröstet wird. Hierdurch erfährt er eine Belohnung und Bestätigung für sein ängstliches Verhalten und wird immer wieder derartig reagieren. Schon Welpen sollte man daher an diverse Geräuschkulissen gewöhnen und dem jungen Hund durch eigene Ruhe und Gleichgültigkeit die Ungefährlichkeit der Situation vermitteln. Dies gilt auch bei erwachsenen Hunden, welche ihre Angst durch ein negatives Erlebnis aufbauten.

Durch eine systematische Desensibiliserung lässt sich die Angst des Hundes jedoch in kontrollierbare Bahnen lenken: Bei Schußangst, Gewitterangst oder Furcht vor Silvesterknallkörpern besorgt man sich eine Geräusche-CD oder Kassette, welche im Handel erhältlich sind bzw. eine Kinderpistole mit entsprechender Munition. Dem Hund werden nun diese Geräusche zuerst sehr leise bzw. aus großer Entfernung vorgespielt. Reagiert er ruhig, so erhält er eine Belohnung. Langsam kann die Lautstärke gesteigert werden. Sobald das Tier aufkommende Ängste zeigt, ist man zu schnell vorgegangen und muss die Lautstärke wieder verringern. Das ängstliche Verhalten wird konsequent mißachtet und das Training mindestens zweimal täglich fortgeführt. Auch die Fütterung, während im Hintergrund die Geräuschkulisse abläuft, hat sich hierbei sehr bewährt.

Am Anfang der Desensibilisierung kann ein homöopathisches Beruhigungsmittel gegeben werden. Auch Borax D 3 (bereits 2 Wochen vor Silvester gegeben) hat sich sehr bewährt. Bei genereller Schreckhaftigkeit gibt man Kalium Phosphoricum D12.

Bachblüten:

Mimulus	- gegen spezifische Ängste vor Knallgeräuschen
Aspen	- gegen plötzlich aufkommende Angstattacken
Rock Rose	- gegen aufkommende Panikgefühle
Rescue	- zur Angstvermeidung und Verringerung in allen angst auslösenden Situationen - als Einnahmemischung in kurzen abständen

7.4 Angst vor dem Tierarzt

Für manchen Hundehalter wird der Tierarztbesuch regelrecht zum Horrortrip, weil der verängstigte Hund völlig überreagiert. Selbst der sonst so selbstsichere und mutige Hund kann beim Gang zum Tierarzt zu einem Angstbündel werden. Meist spürt der Hund es schon, bevor es losgeht – auch wenn Herrchen so tut, als ob nichts wäre, nervös nach dem Impfpass sucht und einen normalen Spaziergang vortäuscht. Manch einer weigert sich schon hartnäckig, ins Auto zu springen und spätestens, wenn das Haus des Tierarztes auftaucht, ist es mit der Beherrschung vorbei. Ob groß oder klein – wenn es zum Tierarzt geht, werden viele Hunde zu Angsthasen. Sie zittern, ducken sich ängstlich hinter den Besitzer und ihr Aggressionspotential erhöht sich. Manche sitzen völlig apathisch im Wartezimmer und andere schnappen sogar schon einmal zu, wenn der Arzt sie anfasst. Jeder Hundebesitzer jedoch hat es in der Hand, dies zu verhindern. Hunde lernen bereits in ihrem ersten Lebensjahr, wovor sie wirklich Angst haben müssen. Sind ihre ersten Erfahrungen positiv so gehen sie später gelassener mit der Situation um. Erlebt ein Hund seine ersten Sitzungen beim Tierarzt dagegen als unangenehm, wird jeder künftige Besuch dort für ihn zum Stress, wobei Halter und Hund sich in ihrem Unwohlsein aneinander hochschaukeln. Der Besitzer wartet regelrecht auf die ängstlichen Reaktionen seines Hundes und dieser zittert vor Aufregung und Angst.

Die beste Vorbeugung ist ein entsprechendes Training im Welpenalter, welches verhindert, dass Angst überhaupt erst aufkommt. Aber auch beim erwachsenen, ängstlichen Hund lassen sich diese spezifischen Ängste auf gleiche Weise eindämmen. Dabei ist es wichtig, dass der Hund lernt, den Tierarztbesuch mit etwas Angenehmem zu verbinden z.B. einem schönen Spaziergang hinterher, einer Belohnung oder einem neuen Spielzeug nach der Untersuchung. Ideal ist es, wenn der Hund die Praxis kennenlernen darf, ohne dass es „ernst“ wird und er z.B. geimpft werden muss. Ein einfühlsamer Tierarzt wird hiergegen nichts einzuwenden haben – hat er es später doch mit diesem Hund wesentlich einfacher. Der Hund sollte sich alles anschauen dürfen und erst beim zweiten oder dritten Besuch auf dem Behandlungstisch eine harmlose Untersuchung erleben.

Enorm wichtig ist es, dass der Halter selbst Ruhe bewahrt. Schimpfen, wenn der Hund jammert oder ein übermäßiges Bemuttern wäre völlig falsch. Auch hier muss der Hund lernen, dass diese Besuche dazugehören und keine ernsthafte Bedrohung für ihn darstellen.

Als homöopathische Unterstützung gibt man Phosphorus D 200 bereits 1 Stunde vor der Fahrt zum Tierarzt.

Bachblüten:

Gentian	- bei Tieren die sich ängstlich verstecken
Mimulus	- gegen die Ängste vor dem Besuch beim Tierarzt
Rock Rose	- gegen aufkommende Panik
Rescue	- als Notfallmittel bei großen Angstzuständen und zur Beruhigung im Vorfeld

7.5 Wasserscheu

Normalerweise geht jeder Hund gerne - oft nicht immer zur Begeisterung seines Halters – ins Wasser. Viele Hunde jedoch haben schon Angst vor einer flachen Pfütze und vermeiden möglichst jeden Kontakt mit dem nassen Element. In einem Bach oder See zu schwimmen, wäre für sie unvorstellbar. Manche weigern sich sogar, bei Regen das Haus zu verlassen oder tun dies nur sehr widerwillig. Wasserscheu kann in sehr unterschiedlicher Form auftreten und ebenso vielfältige Ursachen haben. Auch hier gilt: Was der Welpe bereits lernt, vor dem zeigt er später keine Angst. Manch ein Welpe bekam jedoch schon einen Riesenschreck, als seine (Plastik)Schüssel bei den ersten Trinkversuchen durch Aufstützen mit den Pfoten umkippte. Manche Welpen werden auch in zu hygienischem Umfeld aufgezogen, so dass sie keine Möglichkeit haben, Pfützen oder gar Regen kennenzulernen. Im Freien aufgewachsene Hunde haben dagegen meist ein sehr positives Verhältnis zum Wasser und können leichter an das Schwimmen gewöhnt werden. Niemals darf man einen Hund – ob jung oder alt, einfach in ein tieferes Gewässer werfen. Sicher kann jeder Hund von Natur aus schwimmen, ein solcher Schock jedoch kann sich tief verwurzeln und aus dem unbedarften Tier einen lebenslangen Angsthasen in Bezug auf Wasser machen. Um dem Hund das Schwimmen schmackhaft zu machen, muss er erst einmal das flache Wasser aus eigenem Willen erkunden dürfen. Der Besitzer geht Schritt für Schritt voran und lockt seinen Hund hinter sich her. Auch das Werfen eines Stockes im flachen Wasser ermutigt den etwas ängstlichen Hund, diesen zu holen. Oder aber, man verabredet sich mit einem befreundeten Hund, der gerne ins Wasser geht und den eigenen „animieren“ kann.

Bei Hunden, die schon ein negatives erschreckendes Erlebnis mit dem Wasser hatten, ist hierbei sehr viel Geduld nötig – je mehr, desto jünger das Tier bei seinem Schockerlebnis war. Je jünger der Hund, desto tiefer graben sich negative Erlebnisse in seine Seele ein!

Regenscheu kann z.B. als Ursache haben, dass man einen jungen Hund, der noch keinen Regen erlebte, bei heftigen Schauern aus dem Haus führt. Das Prasseln der Regentropfen kann einen nachhaltigen Schrecken auslösen und ihm zusammen mit den zischenden Geräuschen der vorbeifahrenden Autos auf regennasser Straße das Element Wasser verleiden. Ein derart geschockter Hund kann auch später durch einen Gartenschlauch oder Sprenkleranlage hieran erinnert werden und eine entsprechende Angst zeigen. Auch bei dem manchmal notwendigen Abtrocknen des Hundes nach einem Regenspaziergang kann man als Hundehalter einiges falsch machen: Bei Welpen oder Hunden, die diese Prozedur nicht kennen, sollte man sehr behutsam vorgehen und keinesfalls heftig an ihm herumrubbeln oder kräftig die Pfoten säubern. Hier muss die Gewöhnung anfangs sehr langsam erfolgen und unter Umständen ist auch erst mal der eine oder andere Dreckspritzer in der Wohnung zu akzeptieren. Dies ist leichter zu beseitigen als die Angstgefühle des Hundes vor grober Reinigung bzw. der Assoziation: Regen = Heftiges Abtrocknen danach.

Scheu oder Angst vor Wasser sind niemals angeboren, sondern beruhen immer auf einer negativen Erfahrung mit dem Element Wasser. Nur viel Geduld und entsprechendes Einfühlungsvermögen kann diese Scheu abbauen. In vielen Fällen lässt sie sich nicht ganz beseitigen.

Bachblüten

Rescue	- vor dem Training an Pfützen oder flachen Seeufern
Mimulus	- gegen die Angst vor dem Wasser
Larch	- zur Steigerung des Selbstbewusstseins

7.6 Trennungsangst – der Hund bleibt nicht alleine

Kein Hund bleibt gerne alleine ... aber jeder sollte dies für eine gewisse Zeit akzeptieren. Idealerweise ruht der Hund während der Trennung, freut sich bei der Ankunft des Besitzers und wird durch einen Spaziergang, ein Spiel oder ein paar Schmuseeinheiten belohnt.

Was bedeutet das „Alleinebleiben" für den jungen Hund?
Besonders für Welpen ist es artwidrig – in der Natur sogar gefährlich – wenn das Rudel ihn verlässt. Daher sollte man mit dem Training frühestens im Alter von 4 Monaten beginnen. Zu frühe Versuche rufen Verlassensängste hervor, welche –oft erst sehr viel später – zu Störungen führen. Irgendwann könnte der Hund die Nachbarn durch anhaltendes Heulen, Jaulen oder Bellen zur Verzweiflung bringen oder die Wohnungseinrichtung fällt seiner Zerstörungswut zum Opfer. Die Ursache hierfür liegt eindeutig im mangelnden Vertrauen zu seinem Besitzer, verursacht durch zu frühe und zu lange Trennungen.

Je länger und häufiger sie alleine bleiben müssen, umso stärker tritt diese Angst auf. Machen sie aber regelmäßig diese Erfahrung über sich langsam steigernde, absehbare Zeitspannen, gewöhnen sie sich daran und zeigen schließlich keine Stress- oder Angstsymptome mehr.

In schweren Fällen z.B. bei massiver Zerstörungswut als Stresssymptom sollte ein Fachmann (Tiertherapeut, Tierpsychologe) hinzugezogen werden. Durch den Einsatz von homöopathischen Beruhigungsmitteln und Bachblüten kann auch hier Abhilfe geschaffen werden.

Wie kommt es zur Trennungsangst?
Sie tritt bei Hunden auf, die das Alleinsein nicht kennen oder bei Hunden, die während des Gewöhnungsprozesses plötzlich mit einer ungewöhnlich langen Trennung fertig werden mussten (z.B. durch längere Abwesenheit aufgrund einer neuen Arbeitsstelle). Solche langen Trennungsphasen sind meist vorhersehbar und sollten zum Wohle des Hundes und zur Vermeidung möglicher Probleme durch Einschaltung eines Hundesitters für die erste Zeit verkürzt werden. Meist genügt es schon, wenn z.B. ein Nachbar nach den bisher üblichen 3-4 Stunden des Alleinebleibens mit dem Hund einen Spaziergang unternimmt oder ihn zu sich holt. Schon nach einigen Tagen wird der Hund sich an die längere Trennungszeit gewöhnen.

Das Training
beginnt, indem man während einer Ruhephase des Tieres (nach dem Spaziergang oder dem Fressen) die Wohnung für 2-3 Minuten verlässt. Der Hund wird mit einer Bemerkung, welche man jedes Mal gleich anwendet, verabschiedet. z.B.:“ Frauchen kommt gleich wieder“. Auf keinen Fall sollte man sich davonschleichen! Die Begrüßung des Hundes beim Nachhausekommen sollte herzlich, jedoch nicht überschwänglich ausfallen. Keinesfalls darf er bestraft werden, falls er doch einmal etwas angestellt oder gebellt hat. Er hat schließlich nur nach seinem Rudel gerufen! Eventuelle Missetaten werden ignoriert und einige Minuten später wird erneut ein kurzes Alleinebleiben von einigen Minuten erneut geübt. Nach der Wiederkehr geht man ohne viel Aufhebens zu machen, zu alltäglichen Tätigkeiten über. Ein längerer Spaziergang sollte jedoch nach der Trennungszeit selbstverständlich sein! Darauf wird der Hund sich nach erfolgreichem, geduldigen Training künftig beim Nachhausekommen freuen und dieser ist als die sinnvollste Belohnung anzusehen. Die Übungen werden mehrfach wiederholt, wobei die Phasen **langsam** verlängert und bei Problemen sofort wieder verkürzt werden. Dem Hund muss klar werden, dass sein Besitzer immer wieder kommt. Ist diese Vertrauensbasis hergestellt, ist er als erwachsener Hund in der Lage, auch einmal längere Zeit alleine zu bleiben. Leise Hintergrundgeräusche durch Radio oder Fernseher sowie ggf. eine Lichtquelle helfen gegen die Einsamkeit.

Der Hund aus zweiter Hand
Hatte der Hund schon einen oder mehrere Vorbesitzer und akzeptiert das Alleinebleiben nicht, wird es schwieriger. Hier muss man ganz von vorne beginnen. Falls niemand aus der Familie ganztägig zu Hause ist, sollte man zum Zeitpunkt der Anschaffung des Hundes unbedingt 1-2 Wochen Urlaub einplanen. Die Vorgehensweise ist identisch mit dem Welpentraining. Bei erwachsenen Hunden, welche meist bereits negative Erfahrungen gemacht haben, muss man jedoch wesentlich mehr Geduld und Zeit für das Training aufbringen. Die ersten Versuche dauern nur wenige Sekunden, werden langsam gesteigert und bei aufkommender Unruhe ebenfalls sofort wieder zeitlich gekürzt. Auch ein interessantes Spielzeug oder ein leckerer Knochen helfen dem Tier, das Alleinesein zu bewältigen.

Bei ganz hartnäckigen Kandidaten, welche die Trennung überhaupt nicht akzeptieren und sich evt. sogar über die Wohnungseinrichtung hermachen, helfen für die Anfangszeit pflanzliche oder homöopathische Beruhigungsmittel (z.B. Requisan oder Avena sativa). Die Dosierung wird im Verlauf der Übungen täglich reduziert bis es ohne klappt.

Wie lange darf man den Hund alleinlassen?
Als Faustregel gilt: Ausnahmsweise max.5-6 Std.. Tägliche lange Trennungen sind nur vertretbar, wenn der Hund freien Zugang zum Garten/Hof hat oder jemand mit ihm zwischenzeitlich Gassi geht. Leben mehrere Hunde in der Familie, bleiben diese meist problemlos längere Zeit alleine. Viele Hunde, welche täglich zulange alleine sind, entwickeln irgendwann Verhaltensstörungen wie Zerstörungswut oder Unsauberkeit.

Berufstätige sollten daher die Anschaffung eines Hundes sorgfältig überdenken. Sind regelmäßige Trennungen unvermeidbar, so sollte man zumindest am Rest des Tages viel Zeit für den vierbeinigen Freund einplanen. Hunde, welche die Nacht in unmittelbarer Nähe des Besitzers verbringen dürfen, verkraften die Trennung tagsüber wesentlich besser.

Bei Trennungsangst unterstützt man mit dem homöopathischen Mittel Arsenicum album D 30, Phosphorus D 30 und Pulsatilla D 30 (im Wechsel).

Bachblüten:

Rescue	- einige Minuten vor dem Verlassen der Wohnung
Mimulus	- gegen die Verlassenheitsängste
Rock Rose	- gegen aufkommende Panik
Star of Betlehem	- um vergangene Schocks des Alleineseins zu verarbeiten

8. DIVERSE VERHALTENSSTÖRUNGEN

8.1 Zerstörungswut

Diese tritt entweder durch die vorher besprochene Trennungsangst beim jungen oder erwachsenen Hund auf und kann dann nur als Protesthandlung gedeutet werden. Hierbei ist das angesprochene Training des Alleinebleibens unumgänglich. Bei dem Welpen liegt der Sachverhalt anders: Es gehört zum normalen Verhalten eines Welpen, dass er alles durch seine Zähne untersucht, derart seine Neugier befriedigt und seine Kiefer trainiert. Betrifft dieses Verhalten jedoch die Wohnungseinrichtung, so müssen konsequente Verbote erlassen werden, die dem jungen Hund seine Grenzen zeigen. Ein einmaliges Verbot, z.B. Möbelstücke anzubeißen, genügt hier in keinem Falle. Der Welpe darf daher die erste Woche in seinem neuen Heim praktisch nicht aus den Augen gelassen werden. Er muss **jedesmal** bei derartigen Verstößen zur Ordnung gerufen werden. Ist er alleine und knabbert seelenruhig am Stuhlbein, so wird er die spätere Strafe nicht in Verbindung mit der Tat bringen können und diesen Tadel nicht verstehen. Der Welpe muss von der Zerstörung der Einrichtung abgelenkt werden, indem man ihm genügend Spielzeug zur Verfügung stellt. Anfangs sollte es nicht das Teuerste sein, damit es auch ruhig kaputt gehen darf – sonst wird ihm schnell langweilig. Allerdings sollte man unbedingt darauf achten, dass es ungefährlich für den jungen Hund ist. Ideal sind Zeitungsblätter, weiches Holz sowie alte Decken oder Stoffe. Keine Socken! Der Welpe kann nicht zwischen einem alten und einem guten Strumpf unterscheiden.

Bachblüten:
Bachblüten sind nur im Falle von Protesthandlungen sinnvoll, bei dem Welpen hilft nur die Beobachtung und konsequente Erziehung! Die empfohlenen Bachblüten beim Zerbeißen von Gegenständen während des Alleinbleibens entsprechen der Empfehlung „Trennungsangst“

8.2 Methoden gegen das Hochspringen

Pfotenabdrücke auf der Kleidung sind ärgerlich und einige Besucher bekommen es auch mit der Angst zu tun, insbesondere wenn größere Hunde sie anspringen.

Die Ursache des Hochspringens liegt in dem natürlichen Verhalten von Wölfen und Hunden begründet. Jungtiere zeigen durch den Schnauzenstoß (Hochspringen) ihre Unterwürfigkeit gegenüber dem Ranghöheren. Im Zusammenleben mit dem Menschen kann sich diese Art der Begrüßung jedoch als sehr lästig erweisen. Viele Halter empfinden das freudige Hochspringen des Welpen eine gewisse Zeit lang als „niedlich“. Der Körperkontakt zwischen Mensch und Hund ist zwar für den Aufbau der Bindung sehr wichtig; einem erwachsenen Hund dies jedoch wieder abzugewöhnen ist wesentlich mühsamer und zeitaufwendiger. Schon der Welpe sollte daher lernen, dass das Hochspringen unerwünscht ist

Die richtigen Methoden

Als erfolgreichstes Mittel zur Abgewöhnung gilt die Sitzübung. Der Welpe sollte schon möglichst früh das Kommando „Sitz“ und „Bleib“ kennen und in den Grundzügen beherrschen. Sehr wichtig ist, dass der Halter sich anfangs auf die Ebene des Hundes begibt um diesen zu begrüßen, sich also hinkniet. Ein Leckerli oder ein Spielzeug sollte bereitgehalten werden, um den Hund abzulenken.

Ein ruhiges „Sitz und Bleib“ wird bereits nach wenigen Sekunden ausgiebig belohnt. Wichtig ist hierbei, dass der Hund erst auf Herrchens/Frauchens Zeichen hin (z.B. Kommando „Auf“) die Sitzposition verlässt.

Einen großen Schritt weiter ist man, wenn man nach ca. 2 Wochen bei der Begrüßung schon aufrecht stehen bleiben kann, der Hund sich auf Kommando setzt und ruhig das Aufhebungssignal und die Belohnung erwartet. Die höchste Form der perfekten Begrüßung ist, dass der Hund sich selbständig ohne Zeichen setzt und in aller Ruhe abwartet. Hier muss jedoch jeder Halter selbst entscheiden, wieviel Perfektion er für nötig hält. Meist erscheint es ausreichend, wenn der Hund einen freudig begrüßt ohne anzuspringen und sich auf Kommando setzt.

Übungen mit bekannten und fremden Personen

Im Training mit einem Bekannten sollte dieser alle Lernschritte wie beschrieben durchführen. Währenddessen trägt der Hund ein Halsband mit einer leichten Leine mit deren Hilfe der Besitzer eingreifen kann. Durch einen sanften, kurzen Ruck kann der Hund zum Sitzen gebracht werden. Auch der Freund/Bekannte sollte sich nach der Übung hinunter beugen und das Tier ausgiebig loben.

Bei fremden Personen gilt das gleiche Prinzip. Ideales Hilfsmittel ist eine Rolleine um den Abstand zum Besitzer selbst vergrößern zu können. Fremde Besucher sollten vorab kurz (z.B. durchs Fenster) über das Vorhaben informiert werden.

Wenn der erwachsene Hund Menschen anspringt
... sollte das Training als Spiel durchgeführt werden: „Es klingelt – es kommt Besuch“. Grundvoraussetzung ist, dass der Befehl Sitz und Bleib sicher erlernt wurde und befolgt wird. Dieses Kommando muss der Hund nach dem Klingeln strikt befolgen. Sobald er beim Öffnen der Tür aufsteht, wird die Tür wieder recht laut zugestoßen. Dieses Spiel wird so lange wiederholt, bis der Hund sitzenbleibt, auch während der Fremde eintritt. Der Besucher sollte um Verständnis für das Verhalten gebeten werden – er könnte etwas verwundert sein.

Der Zeitaufwand
Bei 3-4 maligem Üben pro Tag beherrrscht selbst der erwachsene Hund nach spätestens 4 Wochen die Begrüßung ohne Hochspringen.

Unbedingt vermeiden sollte man aggressive Erziehungsmaßnahmen, welche früher häufig praktiziert wurden, z.B. dem Hund beim Hochspringen fest auf die Hinterpfoten zu treten. Abgesehen davon, dass man hierbei kleinere Hunde verletzen kann, rufen derartige Handlungen beim Tier meist nur Ängste hervor, ein nachhaltiger Lerneffekt bleibt hierbei aus.

Bachblüten

Impatiens	- gegen Hektik und Ungeduld
Chicory	- gegen übertriebene Aufdringlichkeit und „im Mittelpunkt stehen wollen“
Vine	- zur Verringerung übertriebener Dominanz

8.3 Stress

Auch Hunde leiden unter Stress – oft mit fatalen Folgen
Hund müßte man sein: Keine Sorgen, den ganzen Tag nur futtern, schlafen und Gassi gehen? Von wegen: Vor allem Herrchen oder Frauchen können ganz schön stressig sein. Und wenn der Vierbeiner mal ausrastet, ist immer er der Böse! Meist sollten die Besitzer in den „Macken“ ihres Hundes die eigenen Fehler erkennen:

Der Stress mit dem Spielen
Meist nur gut gemeint, oft aber des Guten Zuviel: Besonders in Haushalten mit Kindern ist häufig Spielen nonstop an der Tagesordnung. Hat der Hund nicht genügend Ruhephasen, so artet der Spaß schnell in Stress aus. Dem angeborenen Jagdtrieb folgend, reagiert er meist auch sofort auf die entsprechenden Aufforderungen z.B. „Hol's Stöckchen“ und dies immer wieder und immer wieder. Wird

sein Ruhebedürfnis über längere Zeit unterdrückt, so kann er irgendwann durchaus einmal gereizt reagieren, bei dem ewigen Stress.

Jeder Hund braucht seine Ruhezone, wohin er sich jederzeit zurückziehen kann. Dies sollte dann unbedingt – auch von Kindern! – akzeptiert werden. Sobald er Lust zum Spielen hat, kommt er von selbst.

Der Stress mit dem Revier
Erst der Postbote, dann der Zeitungsträger und vielleicht noch ein Vertreter, später dann die Nachbarin und mittags fremde Kinder... Jedes Klingeln bedeutet: Zur Tür rennen, den Besuch begutachten und nötigenfalls verbellen, zur Seite gezerrt und zur Ruhe gerufen werden. In dem ganzen Tumult kann sich die Erregung so steigern, dass der ein oder andere Hund plötzlich doch mal zuschnappt.

Übersensible Hunde müssen langsam an Gäste gewöhnt werden und lernen, dass diese weder gefürchtet, noch angeknurrt oder verbellt werden müssen. Das Tür öffnen sollte möglichst ruhig geschehen, der Hund wird nicht angebrüllt, wenn er bellt oder gar weggezerrt oder in ein anderes Zimmer gesperrt. Mit Ruhe und Geduld lernt der Hund, Besucher ohne großes Tamtam zu akzeptieren, so dass gar kein Stress in diesen Situationen mehr aufkommt.

Stress durch Lärm, Verkehr und Alleinsein
Die Schmerzgrenze bei plötzlichen Geräuschen, dem Alleinbleiben oder in Menschenmengen liegt bei jedem Hund anders. Ein Stadthund wird sich eher über plötzliche Schuss-/Knallgeräusche aufregen als ein Jagdhund, dagegen wird der übliche Straßenlärm dem Hund vom Lande auf einem Besuch in der Stadt mehr zu schaffen machen. Einem Hund, der nie alleine ist, gehen evtl. schon die Nerven durch, wenn er nur kurz vor einem Geschäft angebunden wird.

Jeder Hund muss langsam an neue Reize gewöhnt werden. Die allmähliche Annäherung an den Angst auslösenden Reiz: Geräusche lässt man erst aus größerer Entfernung auf den Hund einwirken und nähert sich dann ganz langsam der Geräuschquelle. Ebenso wird das Alleinsein erlernt und auch die Bewegung in der Stadt, z.B. in einer Menschenmenge muss langsam und behutsam antrainiert werden. Es sollte daher z.B. selbstverständlich sein, dass man mit einem ängstlichen Hund nicht ohne vorheriges einfühlsames Training einen Rummelplatz besucht. Wobei noch zu bedenken wäre, ob man diese Erfahrung den empfindlichen Hundeohren nicht generell ersparen sollte!

Hormon-Stress
Hündinnen werden 2 mal jährlich läufig. Besonders in einer hundereichen Gegend bedeutet dies puren Stress – nicht nur für die ständig bedrängte Hündin, sondern auch für die geschlechtsreifen Rüden und sämtliche Hundehalter. Viele Rüden drehen regelrecht durch, sobald eine Hündin der Umgebung läufig wird und sind nicht mehr zu halten.

Generell sollten alle Hunde – ob Rüde oder Hündin – kastriert werden, sofern sie nicht zur Zucht verwendet werden sollen. Durch diesen kleinen Eingriff erhält das Tier ein Leben frei von hormonellen Schwankungen und im Übrigen gibt es bereits genügend Hunde aller Rassen und Mischungen, die niemand haben möchte... Um den Nichtkastrierten zu helfen, kann man lediglich versuchen, den Geruchsreizen aus dem Wege zu gehen, indem man die Spaziergänge mit seinem Rüden vorübergehend in andere Gefilde verlegt.

Langeweile – der pure Stress
Jeder 3. Hund hierzulande ist mehr als 20 Stunden pro Tag inaktiv. So gerne Hunde auch schlafen – dies ist eindeutig zu viel des Guten! Die meisten dieser unterforderten Hunde bereiten ihren Besitzern in vielfältiger Hinsicht Probleme. Diese Tiere sind nicht ausgelastet und reagieren dann auf die wenigen Reize, die sie bekommen, umso intensiver. Kläffen oder Ziehen an der Leine sind noch die harmloseren Erziehungsschwierigkeiten. Noch stressiger wird es für die betroffenen Hunde dadurch, dass sie wegen ihres übertriebenen Verhaltens auch noch geschimpft oder gar bestraft werden.

Ein Viertel des Tages sollte der Hund mindestens aktiv sein. Neben den Spaziergängen können das Spiele im Haus sein. Er sollte möglichst viel an dem Leben seiner Familie teilhaben können und sämtliche Familienmitglieder sollten sich regelmäßig um die Beschäftigung kümmern.

Häufig äußert sich Stress beim Hund auch in Aggressionen oder Dominanzproblemen. Sofern der Halter diese nicht selbst bewältigen kann, sollte er sich nicht scheuen, fachmännische Hilfe eines Tierpsychologen (Schwerpunkt-Fachgebiet Hunde) in Anspruch zu nehmen. Oft sind es nur Kleinigkeiten als Auslöser, welche fatale Folgen haben können und vom eigenen Besitzer meist nicht erkannt werden.

Bachblüten

Beech	- zur Förderung der Toleranz
Holly	- zur Vermeidung aggressiver Gefühle
Centaury	- gegen Überforderung und zuviel Gutmütigkeit
Mimulus	- gegen unspezifische Ängste
Aspen	- gegen spezielle Ängste, sofern die Ursache bekannt ist
Cherry Plum	- gegen großen „inneren“ Druck
Elm	- bei durch Stress bedingten Erschöpfungszuständen
Impatiens	- gegen Ungeduld, Hektik und Gereiztheit
Rescue	- in bekannten Stresssituationen

8.4 Lästiges Dauerbellen

Hunde, die bellen, beißen zwar (meistens) nicht, aber für Ärger sorgen sie trotzdem. Dauergebell stört die Nachbarn, macht den Besitzer selbst nervös und steckt alle Hunde der Umgebung an. Schlimmstenfalls kann dies sogar zum Verlust der Wohnung führen. Die Umerziehung ist schwierig, mit der nötigen Konsequenz aber in relativ kurzer Zeit durchführbar.

Hunde bellen aus den unterschiedlichsten Gründen aber aus einer einzigen Ursache heraus: Erregung. Hormone, die auch beim Menschen Aufregung, Lachen oder Weinen auslösen, lösen beim Hund das Signal zum Bellen aus. Antrainiert wird es ihm meist vom Menschen selbst: Schon Welpen merken schnell, dass der Besitzer sich ihnen sofort zuwendet, sobald sie Laut geben. Also bellen sie, wenn sie sich freuen, ärgern, auf Fremde aufmerksam machen wollen, Angst haben oder einfach nur Aufmerksamkeit erreichen wollen.

Besitzer eines Junghundes sollte von Anfang an nicht reagieren, wenn der Kleine unerwünscht kläfft und ihn nur dann loben, wenn er sich als Wachhund übt. Je jünger ein Hund ist, desto leichter versteht er, wann sein Gebell Freude und wann es Ärger auslöst.

Bei einem älteren notorischen Kläffer dagegen müssen konsequente Umerziehungsmaßnahmen eingesetzt werden: Welche Ursachen führen zu dem Dauergebell?

Am häufigsten sind die Klagelaute der **Alleingelassenen**, sie bellen, um Herrchen oder Frauchen zurück zu rufen. Hier hilft nur Strenge und Geduld.

Das Alleinebleiben wird mit anfangs wenigen Sekunden neu trainiert. Ist der Hund unruhig, wird er beim Zurückkommen nicht beachtet, blieb er ruhig, wird er ausgiebig gelobt. Die Zeitphasen werden sehr langsam gesteigert und mit einem Kauknochen oder einem neuen Spielzeug überbrückt. (Siehe Kapitel Alleinebleiben)

Bellt der Hund im Garten? Meist will er damit nur das Revier seines Rudels verteidigen. Auch wenn er jeden Fremden ankläfft, so ist dies eine reine Beschützergeste. Um den Hund in seinem angeborenen Wachinstinkt nicht zu verunsichern, darf er hierbei nicht angeschrien werden sondern die Reaktion muss umgeleitet werden: Eine Bellsituation wird gezielt herbeigeführt und der Hund in dem Moment, indem er zum Bellen ansetzt, abgelenkt: Durch Ruf, sein Lieblingsfutter oder durch ein kurzes Spiel. Er wird so lange beschäftigt, bis die Bellsituation vorüber ist. Dieses Manöver sollte täglich mit immer anderer Ablenkung wiederholt werden. Lässt der Hund sich ablenken, so kann das Kläffen reduziert werden. Ist seine Aufregung zu groß und der „Eindringling“ wichtiger als alles andere, so kann ein anderer Trick den erhofften Erfolg bringen:
Bei der herbeigeführten Bellsituation wird dem Hund im Moment des Luftholens zum Bellen energisch die Schnauze zugehalten, der sogenannte Schnauzengriff. Gleichzeitig erhält er ein Sichtzeichen mit einer Hand (z.B. erhobener Zeigefinger oder Handfläche) und bekommt ein bestimmtes sonst nicht als Kommando verwendetes Wort (Pst, ruhig, stop o.ä.) ins Ohr geflüstert. Flüstern erzwingt die Konzentration des Hundes, während ein Anschreien seine Aufregung noch steigern würde.

Auch diese Übung muss immer wieder für alle Bellsituationen wiederholt werden. Als nächsten Schritt versucht man einen Bellstopp nur mit Handbewegung und Flüstern zu erreichen und später erprobt man die Ferneinwirkung. Wenn der Hund bellt, ertönt sein Name und der Besitzer zeigt ihm durch Handbewegung und Kommando, dass er schweigen soll. Nach einiger Zeit genügt das verbale Kommando auch aus größerer Entfernung.

Wichtig bei allen Übungen: Gehorsam muss ausgiebig gelobt werden. Der Hund spürt sehr genau, wie sehr sich sein Besitzer freut. Und seinem „Chef“ Freude zu bereiten, ist für jeden Hund das größte Glück.

Nicht übersehen werden darf, dass unkontrolliertes Bellen auch ein Dominanzproblem darstellt. In einem Rudel ist es nur dem Ranghöchsten erlaubt, als erster anzuschlagen, zu warnen und Eindringlingen zu drohen. Notorische Kläffer versuchen daher meist auch innerhalb der Familie, ihren Status zu verändern. Häufig verbinden sich hiermit allgemeine Gehorsamsprobleme, welche im Bedarfsfalle mit einem erfahrenen Hundetrainer / Hundepsychologen abgeklärt und therapiert werden sollte. Bei Bellwut gibt man das homöopathische Mittel Lachesis D 200.

Bachblüten

Aspen	- gegen unspezifische Ängste
Mimulus	- Beim Bellen aufgrund Angstzuständen
Vine	- gegen hartnäckige Dauerbeller im Beisein des Besitzers

8.5 Stubenreinheit/Unsauberkeit

Die Welpenerziehung zur Stubenreinheit

Normalerweise wird der Welpe ab der 3. Woche von alleine stubenrein – wenn man ihn lässt.

Ab dann verlässt er das Lager, dessen Rand nicht zu hoch sein darf und löst sich 1 bis 2 Meter entfernt. In der Wohnung muss man ihn nun sehr sorgfältig beobachten und bei den geringsten Anzeichen von Unruhe nach draußen tragen, bzw. ihm die Möglichkeit geben, die Wohnung selbst zu verlassen. Länger wie 2-3 min. kann kein Welpe sein Bedürfnis unterdrücken!

Mit jeder Unachtsamkeit des Besitzers, wonach der Welpe die Wohnung beschmutzt hat, wird es schwieriger – die Fehler werden zur Gewohnheit.

Dennoch darf man mißglückte Versuche keinesfalls bestrafen, sondern muss künftig noch aufmerksamer auf die Zeichen des jungen Hundes achten.

Wenn erwachsene Hunde rückfällig werden

Wenn ein sauberer Hund plötzlich unsauber wird, helfen weder Strafen noch rigorose Erziehungsmaßnahmen. Man muss die Ursache finden und beseitigen. Leider reagieren viele Hundehalter zu impulsiv und mit zu heftigen Strafen auf plötzliche Unsauberkeiten. Insbesondere das früher häufig angepriesene Mittel des Hineinstupsens der Hundenase in das „Tatobjekt" bedeutet Tierquälerei!

Ein ausgewachsener Hund wird niemals grundlos unsauber! Entweder steckt eine Infektion dahinter, ein seelisches Problem oder ein Fehlverhalten des Halters sind die Ursache. Bei plötzlichem Urinieren sollte daher zuerst ein Tierarzt um Rat gefragt werden.

Es gibt verschiedene seelisch bedingte Gründe für Unsauberkeiten eines Hundes. Die neun häufigsten sind:

Verwirrung

Überraschend häufig wissen Hunde gar nicht, wo sie sollen und wo das Geschäft verboten ist. Schelte und Strafe beziehen sie nicht auf den „Tatort", sondern auf die Tat selbst. Die Folge ist: Sie entleeren sich jetzt heimlich, ernten erneut Tadel und trauen sich nur noch nachts oder wenn sonst niemand Zuhause ist. Das beste Gegenmittel ist ein Schlüsselwort beim Gassigehen (z.B. Pfütze, Pipi, mach Häufchen...) das man, immer wenn der Hund sich dazu anschickt, laut aussprechen und den Hund hinterher loben sollte.

Unsicherheit

Ist in der Nachbarschaft ein neuer Hund eingezogen? Oder hat man selbst das Revier gewechselt? Durch Urin und Kot verkünden Hunde anderen: „Hier wohne ich!". Ein „besetztes" Gebiet kann bei schüchternen Hunden dazu führen, dass sie draußen nach Möglichkeit vermeiden, ihre Duftmarke zu hinterlassen und dafür lieber das eigene Haus beschmutzen. Das beste Gegenmittel: Beim Gassigehen immer neue Wege benützen, notfalls anfangs sogar mit dem Wagen ein Stück von zu Hause wegfahren. Auch das Einsammeln eines Häufchens des eigenen Hundes und Auslegen Zuhause im eigenen Revier kann helfen. Nach einer gewissen Eingewöhnungszeit legt sich die Unsicherheit meist von selbst.

Angst

Einen Schock oder Schmerzen beim Erledigen des Geschäftes verbinden Hunde oft irrtümlich mit dem Toilettengang. Sie versuchen daher häufig nach einer Blasenentzündung oder einer schlimmen Verstopfung, das Absetzen zu vermeiden und machen erst, wenn es denn unbedingt sein muss. Das beste Gegenmittel lautet: Ruhe bewahren, dem Hund gut zureden und immer loben, wenn sie ihn bei dem „Geschäft" beobachten – im Laufe der Zeit merkt er wieder, dass das Beinheben weder Schmerzen noch ein schreckliches Erlebnis nach sich zieht.

Konsequenz

Gehören sie zu den Hundebesitzern, die nur vor die Türe gehen, wenn der Hund „mal muss" und nach Erledigung schnellstens wieder umkehren? Damit erzieht man den Hund zur Unsauberkeit. Clevere Hunde halten sich so lange wie möglich zurück, um somit längere Spaziergänge zu erzwingen. Und erst Zuhause hinterlässt er dann Pfützen und Häufchen. Bei jedem Spaziergang sollte man noch mindestens 5-10 Minuten weitergehen, nachdem der Hund sich entleert hat. Bis er gemerkt hat, dass die Dauer des Spazierganges und die Toilettenerledigung nicht voneinander abhängen. Außerdem sollten relativ feste Zeiten für das Gassigehen eingehalten werden!

Eifersucht

Nach Krankheiten, während dessen sie besonders viel Liebe und Pflege genossen haben, versuchen Hunde, diese Liebe durch Stubenunreinheit nochmals zu erzwingen. Auch wenn Sie Herrchens bisher uneingeschränkte Zuwendung plötzlich mit neuen Familienmitgliedern, einem weiteren Hund oder einem anderen Heimtier teilen sollen, reagieren sie mit drastisch gezeigter Eifersucht. Denn sie wissen: die Pfütze in der Wohnung stellt sie sofort wieder in den Mittelpunkt des Interesses.

Liegt der Verdacht der Eifersucht nahe, darf man keinesfalls zeigen, dass man die Pfütze bemerkt hat, den Hund ignorieren, das Resultat seiner Tat wird nach einiger Zeit kommentarlos beseitigt..

Verzweiflung

Hunde, die zuviel alleine bleiben müssen, weil ihre Familie berufstätig ist oder Hunde, die einfach zuwenig beachtet werden, sind oft so vereinsamt, dass ihnen Tadel und Bestrafung lieber ist, als gar keine Zuwendung. Für sie ist Unsauberkeit der letzte Versuch, sich Beachtung – auch in negativer Form – zu holen.

Jedem Hund sollte am Tag mindestens eine Stunde geschenkt werden, die ihm ganz alleine gehört – zum Spielen, Schmusen, spazierengehen. Oder suchen sie sich einen Tiersitter, mit dem das einsame Tier sich beschäftigen und „arbeiten“ kann.

Arroganz

Hunde, die gewöhnt sind, immer und überall im Mittelpunkt zu stehen und sich plötzlich unbeachtet fühlen, lenken durch eine Demonstrationspfütze die Aufmerksamkeit aller auf sich. Sie pinkeln genauso gerne in fremden Wohnungen wie in der eigenen, ebenso auf Taschen wie auf Kleidungsstücke von Besuchern – nur um damit ihre eigene Wichtigkeit zu unterstreichen. Die meist lautstarke Aufregung, die seine Tat hervorruft, bestärkt das Tier natürlich.

Auf frischer Tat ertappt, nützt die sofortige Strafe. Allgemein sollte der Hund – am besten zusätzlich auf einem Hundeplatz – lernen, dass er nicht der Mittelpunkt des Geschehens ist. Von Anfang an kann man einem Hund verständlich machen, dass er auch mal zurückstecken muss.

Hysterie

Bei vielen Hunden rotieren ganz einfach die Nerven – Blase und Schließmuskel versagen bei jeder größeren Gemütsbewegung. Hier muss dringend das Selbstbewusstsein des Hundes gestärkt werden. Wichtig sind Erfolgserlebnisse z.B. bei Sport und Spiel. Häufig tritt das Problem beim Nachhause kommen des Besitzers auf. Dieses sollte dann so wenig aufregend wie möglich gestaltet werden. Die Begrüßung erfolgt zuerst in ganz kurzer Form vor der Tür– erst wenn das Tier sich beruhigt hat, darf er ausgiebiger begrüßt werden.

Demut

Zu strenge oder ungerechte Besitzer erziehen sich einen aus lauter Unterwürfigkeit unsauberen Hund. So wie der Schwächste im Rudel Quälereien der anderen durch Urinieren auszuweichen versucht, nutzt so eine arme Kreatur auch unter dem Menschen instinktiv das gleiche Mittel, um sich vor dem strengen Herrn zu schützen. Hier gibt es nur die Möglichkeit einer Einsicht und Besserung des Besitzers oder der Hund sollte in neue, verständigere Hände kommen.

Die Sache mit dem „Tröpfeln"

Nicht selten tröpfeln Hunde aufgrund großer Freude und Aufregung z.B. beim Nachhause kommen des Besitzers. Um den tropfenweisen Urinabgang zu vermeiden, sollte man den Hund vorerst ebenfalls draußen vor der Tür begrüßen. Durch die Kommandos „Sitz" oder „Platz" lässt man ihn zur Ruhe kommen, dann wird er knapp und ruhig – keinesfalls überschwänglich – begrüßt. Ist eine größere Aufregung absehbar, z.B. das Nachhause kommen des Herrchens von der Arbeit oder Besuch, kann ein längerer Spaziergang kurz vorher das Tröpfeln vermindern, da der Hund sich vorab ausreichend lösen konnte.

Bachblüten

Aspen	- für sensible Tiere mit ängstlichem Verhalten
Beech	- bei Protesthandlungen
Cerato	- bei sehr unsicheren und gehemmten Tieren
Chestnut Bud	- beim eher „ungelehrigen", unaufmerksamen und ruhelosen Hund
Heather	- für überanhängliche Tiere, die aus Protest handeln
Holly	- bei Eifersuchtsreaktionen
Walnut	- bei Unsauberkeit aufgrund einer Veränderung im Umfeld

8.6 Fressstörungen

Kotfressen (Koprophagie)

Insbesondere Katzenkot scheint einen schier unwiderstehlichen Reiz auf manche Hunde auszuüben – meist nicht zur Freude des Hundehalters. Der unangenehme Geruch ist für diesen meist unerträglich. Über die Ursachen hierfür gibt es mehrere Theorien: genetisch bedingtes Verhalten (Reinhalten des Welpenlagers), der Hang zum Aasfressen, mangelnde Beschäftigung (Langeweile), das Ziel, Aufmerksamkeit zu erregen oder der Mangel an bestimmten Nährstoffen. Besonders junge, heranwachsende Hunde haben einen hohen Energiebedarf und nehmen daher häufig über den Kot wichtige Nährstoffe auf und das Problem gibt sich von selbst, sobald diese ausgewachsen sind. Fressgierige Tiere behalten diese Angewohnheit jedoch manchmal auch im Erwachsenenalter bei.

Vorab sollte die ausgewogene Ernährung des Hundes sichergestellt sein, bevor man dazu übergeht, dem Hund diese Manie zu verleiden: Der entsprechende Kot wird mit scharfem Pfeffer bestreut. Handelt es sich um die Hinterlassenschaft der eigenen Katze oder des Zweithundes, so stellt dies keine Schwierigkeit dar. Ansonsten „besorgt“ man sich das entsprechende Material aus der Umgebung und deponiert es z.B. im eigenen Garten oder an Stellen, wo der Hund gewöhnlich Kot aufnimmt. Der Besitzer muss sich nun völlig unbeteiligt geben und hoffen, dass sein Hund aus dieser unangenehmen Erfahrung lernt. In der nächsten Zeit muss unbedingt verhindert werden, dass der Hund unkontrolliert „normalen“ Kot aufnehmen kann.

Eine regelmäßige Entwurmung ist bei kotfressenden Hunden noch wichtiger als sonst. Da kotfressende Tiere in der Regel auch fressgierig sind, empfiehlt es sich, die tägliche Futtermenge auf 3-4 Portionen zu verteilen und auf faserhaltige Futtermittel zu achten. Der Zusatz von Futterflocken erweist sich als sinnvoll.

Besonders Zwingerhunde neigen dazu, ihren eigenen Kot zu fressen und sind nur durch eine Veränderung ihrer Lebensumstände durch mehr Abwechslung, Spielzeug und häufige Spaziergänge hiervon zu kurieren.

Bei der Therapie dieser Unart helfen nur die entsprechenden Erziehungsmaßnahmen. Eine Bachblütenempfehlung kann hier nicht ausgesprochen werden, da es sich nicht um eine seelisch oder psychisch bedingte Störung handelt, sondern um eine lästige Angewohnheit. Durch Strafen lässt sich eine ausgeprägte Koprophagie nicht therapieren! Sie gehört zu den Problemen, welche sich leichter vermeiden als behandeln lassen.

Richtige Futterzusammensetzung, artgerechte Haltung und liebevolle Erziehung können verhindern, dass dieses unangenehme Problem überhaupt erst entsteht.

Fresslust

Wenn ansonsten gute Fresser plötzlich ihr Futter nicht anrühren und womöglich auch ein erhöhtes Schlafbedürfnis zeigen, so sollte der Tierarzt vorab mögliche Krankheiten ausschließen. Auch nach einer überstandenen Krankheit können Fresslust und generelle Traurigkeit auftreten.

Ist der Hund jedoch agil wie immer und zeigt keine Lustlosigkeit, so sollte man sich nicht gleich zu viele Sorgen machen. Verweigert er jedoch plötzlich jedes ihm angebotene Futter, ist nach der Ursache zu forschen. Dies kann die Trauer über den Verlust eines menschlichen oder tierischen Partners sein oder aber die zeitweilige Trennung von der Bezugsperson. Viele Hunde verweigern während des Aufenthaltes in einer Hundepension anfangs jegliche Nahrungsaufnahme. In diesen Fällen hilft nur die Ablenkung des Hundes, viel Beschäftigung und Zuwendung. Futterverweigerung ist, falls keine körperlichen Ursachen erkennbar sind, ein deutlicher Hinweis darauf, dass der Hund aus dem seelischen Gleichgewicht geraten ist. Keinesfalls sollte man nun den Hund durch vielfältiges Angebot diverser Futtersorten zum Fressen animieren. Auch durch langes Stehenlassen der gefüllten Futterschüssel verschlimmert man die Futtermäkeligkeit auf Dauer gesehen. Die Fütterungszeiten werden strikt eingehalten und nach einer halben Stunde wird übriggebliebenes Futter entfernt. Dies gilt jedoch nur für Hunde, welche plötzliche Verstörungen zeigen. Manch ein Hund lässt sein Futter immer einige Stunden unbeachtet, bevor er frisst. Stellt dies das Normalverhalten dar, so ist lediglich bei warmen Temperaturen darauf zu achten, dass das Futter nicht verdirbt bzw. dem Hund sein Fressen generell erst später am Tag zu reichen.

Manchmal verändern die Futtermittelhersteller auch ohne Ankündigung die Rezeptur bestimmter Sorten, so dass der Hund plötzlich ein sonst gern genommenes Futter ablehnt. Hier sollte man ruhig nach und nach verschiedene andere Geschmacksrichtungen oder Sorten ausprobieren. Und auch bei uns Menschen verändern sich geschmackliche Vorlieben von Zeit zu Zeit...

Bachblüten

Sweet Chestnut	- bei Teilnahmslosigkeit
Star of Betlehem	- nach einem traumatischen Erlebnis (Verlust eines Part ners)
Olive	- bei genereller Erschöpfung bzw. nach einer Krankheit

Mustard	- bei plötzlicher Traurigkeit und Antriebsschwäche
Honeysuckle	- bei Traurigkeit (Urlaubstiere)
Walnut	- bei Futterverweigerung aufgrund einer Trennung oder Verlustes

Fressgier

Fettleibigkeit ist mittlerweile eine sehr häufige Hundekrankheit und verringert die Lebenserwartung enorm. Entgegen der Vorstellung ihrer Besitzer sind fettleibige Hunde meist sehr unglückliche Tiere. Das Gewicht des Hundes sollte regelmäßig mit Hilfe einer Haushaltswaage (man nimmt den Hund auf den Arm und zieht dann vom Gesamtgewicht das eigene Körpergewicht ab) oder der Waage beim Tierarzt kontrolliert werden.

Fressgierige Hunde schlingen alles in sich hinein, was sie bekommen können und manche Menschen freuen sich dann sogar noch über den „guten Appetit“ ihres Tieres. Die Ursachen der Fettleibigkeit sind denen beim Menschen sehr ähnlich: Entweder hat der Welpe bereits gelernt, Unmengen von Futter aufzunehmen – oft enthält das Futter für Welpen und Junghunde mehr Ballast- als Nährstoffe, so dass der Hund größere Mengen aufnehmen muss um seinen Nährstoffbedarf zu decken. Diese Hunde werden dann auch als Erwachsene unter ständigem Hunger leiden, da der Magen geweitet ist und die Därme ständiges Arbeiten gewohnt sind. Hier hilft nur eine konsequente Futterumstellung unter Aufsicht des Tierarztes, welcher auch das entsprechende Diätfutter empfehlen kann sowie mehr Bewegung. Außerdem sollte das Futter in mehrere kleine Portionen aufgeteilt werden. Sofern der Hund die Gabe von Knochen gut verträgt, ist dies eine positive, ablenkende Beschäftigung für ihn.

Schon junge Hunde sollten daher an regelmäßige Fütterungszeiten (zuerst 4, dann 3, später 2 oder eine am Tag) gewöhnt werden. Die Fütterung erfolgt stets am gleichen, ruhigen Platz.

Es gibt jedoch auch Hunde, welche bisher völlig normale Fresser waren und plötzlich heißhungrig und als Folge davon fett werden. Die Ursache hierfür ist eine seelische Störung, deren Ursache gefunden werden muss. Auch hier kann dies ein Verlust, eine Trennung oder eine andere Veränderung der Lebensumstände sein. Wird ein Hund aus dem seelischen Gleichgewicht gebracht, so kann er zum Futterverweigerer oder zum Allesfresser werden und „Kummerspeck“ ansetzen. Lässt sich das seelische Gleichgewicht nicht wieder herstellen, z.B. durch die Anschaffung eines neuen Zweithundes nach dem Verlust des vierbeinigen Partners, so helfen nur eine Beschäftigungs-Therapie in Verbindung mit einer sorgfältigen Dosierung des Futters und viel Bewegung!

Bachblüten

Walnut	- bei Fressgier aufgrund einer Trennung, eines Verlustes
Star of Betlehem	- zur Verarbeitung eines Traumas

Futterstehlen/Essensklau

Besonders fressgierige Hunde neigen dazu, in unbeobachteten Momenten alles zu stehlen, dessen sie habhaft werden können. Dies reicht von der Wurst auf dem Abendbrottisch bis zum Schnitzel direkt aus der heißen Pfanne vom Herd. Der Hund, der nur aus der sich anbietenden Situation heraus auf die Nachlässigkeit seines Besitzers reagiert und sich die Wurst vom Tisch stiehlt, ist eigentlich nur ein Opfer der bisher falschen Erziehung. Ein Hund, der von klein auf gelernt hat, dass er sein Futter ausschließlich aus seinem Napf erhält und niemals am Tisch gefüttert wird, kommt gar nicht erst auf den Gedanken zu stehlen. Im Idealfall erhält der junge Hund sein Futter zu festen Zeiten und frißt erst auf das Kommando seines Besitzers. Solch ein Hund wird diesbezüglich niemals ein Problem darstellen und als positive Folge vor Überfütterung und möglichen Vergiftungen weitgehend geschützt sein. Aber wie so oft: Gelegenheit macht Diebe und nicht derart gut erzogene Hunde können einer solchen Versuchung nicht widerstehen...Befindet sich der Hund noch im „Anfangsstadium" seiner Diebeskarriere, so hilft es oftmals, entsprechende Leckereien unangenehm zu präparieren (Pfeffer, Chillipulver). Fühlt der Hund sich nun unbeobachtet und schlingt hastig ein Stück Fleisch hinunter, hat schon so manchen diese Erfahrung eines Besseren belehrt. Auch die mit einem Bindfaden an der Wurst befestigte Konservendose kann zu einem heftigen Schrecken führen, sobald sie klappernd zu Boden fällt. Wichtig ist auch hier, dass die Strafe direkt auf die Tat hin folgt. Ein verspätetes Schimpfen ist völlig wirkungslos! Der Hund muss „auf frischer Tat" ertappt werden und mit einem lauten „Nein" oder „Pfui" (siehe Grundlagen der Hundeerziehung) bzw. das Werfen mit einem ungefährlichen Gegenstand von seinem Vorhaben abgehalten werden. Bei besonders intelligenten oder unbelehrbaren Futterdieben hilft jedoch meist nur eines: Dem Hund keine Möglichkeit mehr zum Diebstahl zu geben und das Essen bestmöglich zu sichern bzw. die Küchentür zu schließen. Jeder erneute „Erfolg" des Hundes macht bisherige Erziehungsfortschritte zunichte und man muss wieder von vorne beginnen.

Bachblüten

Vine	- zur Verbesserung der Autorität des Besitzers
Chestnut Bud	- gegen Ungelehrigkeit und „vergessen" der Lektion

8.7 Trauer und Apathie

Verliert der Hund seinen Besitzer durch Krankheit, Tod oder Verbot der Hundehaltung reagiert er häufig mit Verweigerung, frißt kaum mehr und wird apathisch. Er scheint jeglichen Lebenswillen verloren zu haben. Der Verlust ihres Herrn bedeutet für viele Hunde schier den Weltuntergang, das ihm Sicherheit bietende Rudel hat sich aufgelöst und er fühlt sich völlig allein gelassen. Das gleiche kann passieren, wenn er von einem tierischen Partner verlassen wird.

Der Hund braucht nun enorm viel Zuwendung und Ablenkung. Neues Spielzeug, fremde Spazierwege und möglichst viele neue Hundebegegnungen bieten ihm dieses. Apathie kann gefährlich werden und bis zur Selbstaufgabe führen. Nimmt er selbst unter Anwesenheit eines anderen Hundes (Futterneid provozieren) keine Nahrung mehr auf, so ist höchste Alarmstufe geboten. Um schweren Mangelerscheinungen vorzubeugen oder entgegenzuwirken, müssen solche Hunde oft tierärztlich überwacht und ggf. eine Zeitlang künstlich ernährt werden.

Meist gelingt es jedoch, den Hund durch ständig neue Spielreize und Abwechslungen wieder zu animieren. Der Hund sollte möglichst anfangs nicht alleine sein und – sofern man bereit ist, dies auch später zu dulden – sich auch nachts in der Nähe des „neuen" Herrchens aufhalten dürfen. Ist der Lebenswille wieder erwacht, so hat man gewonnen und die Gefahr ist gebannt.

Bei jeglicher Art von Trauerzuständen ist eine Bachblütenbehandlung so erfolgreich wie auf kaum einem anderen Problemgebiet.

Bachblüten

Star of Betlehem	- zur Schockbewältigung
Walnut	- bei großen Lebensveränderungen
Honeysuckle	- zur Verarbeitung von Trauer und Verlassenheitsängsten
Gorse	- bei völliger Apathie und mangelndem Lebenswillen
Olive	- bei Erschöpfung und Mutlosigkeit

8.8 Das lästige Aufreiten

Viele Hunde, meist Rüden reiten auf anderen Hunden oder gar am Bein des Menschen auf. Unter Hunden kann dies bis zu heftigen Beißereien führen, da das Aufreiten ein massives Dominanzgebaren darstellt. Bei Hunden, welche dies sehr häufig praktizieren kann man von einer seelischen Anomalie sprechen. Es kann sich um ein übersteigertes Dominanzgefühl oder aber um eine Übersprunghandlung aufgrund unterdrückter Gefühle handeln bzw. aus Erlebnissen in früher Jugend herrühren. Hat ein Hund dieses Aufreiten nahezu krankhaft erweitert, belästigt fast jeden ihm begegnenden Hund und alle Verbote scheinen zwecklos zu sein, so hilft leider nur das Anleinen in entsprechenden Situationen. Bei Konflikten dieser Art unter Hunden ist meist jeder Umerziehungsversuch sinnlos, da der Hund diese „Kommunikation“ verinnerlicht hat. Sind allerdings unter Umständen Unterdrückungsgefühle die Ursache des Verhaltens, so kann man durch Änderungen der Lebensumstände (mehr Abwechslung, Vermeidung von Langeweile, Änderung des Tagesrythmus) eine Besserung erzielen.

Manche Hunde versuchen, das Aufreiten auf Menschen auszudehnen, wobei gewöhnlich ein Bein umklammert wird. Dies ist ein Ausdruck höchster Respektlosigkeit, woran natürlich auch wieder alleine der Mensch die Schuld trägt! Dieser Hund akzeptiert seine Menschen nicht als ranghöhere Wesen und versucht, seine Überlegenheit und Besitzergreifung zu demonstrieren.

Hier hilft nur das konsequente Verbot dieser Handlung durch „Nein“ oder „Pfui“ sowie das sofortige Sich-Abwenden. Tadeln sollte jedoch nur die betroffene Person selbst, zieht ein anderer den Hund weg, so sieht er die betroffene Person als schwach an. In diesen Situationen sollte der Hund abgelenkt werden, nachdem er strikt zur Ordnung gerufen wurde.

In den meisten Fällen wird durch eine Kastration das Problem auf einfache und sichere Art und Weise behoben.

Bachblüten
Vine - gegen übermäßige Dominanzgefühle

8.9 Eifersucht

Häufigste Ursachen der aufkommenden Eifersucht ist die Geburt eines Babys. Hierauf wurde detailliert bereits im Kapitel „Der Hund im Familienrudel (Hund und Kind)“ eingegangen. Einfacher als später die Eifersucht zu therapieren ist es, sich im Vorfeld ausreichend Gedanken über die bevorstehenden Veränderungen und das richtige Verhalten dem Hund gegenüber zu machen. Schließlich verändert sich zwangsläufig die Zusammensetzung innerhalb der Familie und die Zuwendungen werden neu aufgeteilt. Es muss unbedingt vermieden werden, dass der Hund sich als plötzlich nicht mehr zugehörig oder gar abgeschoben fühlt.

Wird er durch entsprechendes Einfühlungsvermögen und Geduld bestmöglich in die neue Situation eingegliedert, so wird es kaum Schwierigkeiten geben. Wird ein Baby erwartet, so sollte der Hund schon vorher das Kinderzimmer kennenlernen, an ungewohnte Gerüche und Geräusche (CD mit Babygeschrei) gewöhnt werden und er sollte auch das Baby sofort kennenlernen dürfen, sobald es nach Hause kommt.

Der Hund darf niemals weggesperrt werden und sollte das Zusammensein mit dem Baby stets mit Positivem wie Streicheln, Spielen und Leckerlis bzw. Fütterung verbinden.

Zieht ein neuer Lebenspartner in die Wohnung ein, so sollte auch dies vorab gut vorbereitet werden. Vielleicht musste der Hund gerade erst die Trennung von einem früheren Partner verarbeiten? Bevor der Einzug vorgenommen wird, sollten die Beteiligten lange gemeinsame Spaziergänge unternehmen.

Der Hund muss auch hier den neuen Partner mit positiven Erlebnissen verknüpfen können. Kurze Besuche des „neuen“ Menschen in der künftig gemeinsamen Wohnung in Verbindung mit Leckerlis oder dem Mitbringen eines neuen Spielzeuges und unter Umständen auch ein gemeinsames Wochenende auf für den Hund „neutralem“ Gebiet – dies kann auch die alte Wohnung des künftigen Lebensgefährten sein – fördern die Verbindung. Der neue Partner muss sich gewissermaßen „einschmeicheln“.

Wird er bei weiteren Besuchen freudig von dem Hund begrüßt, oder hat dieser sogar schon ein Wochenende alleine mit dem „Neuen“ verbracht, so ist der Bann gebrochen und dem Umzug steht nichts mehr im Wege. Keinesfalls sollte man den Hund einfach vor vollendete Tatsachen stellen, da hierdurch heftige Aggressionen oder andere Verhaltensstörungen wie Unsauberkeit oder Zerstörungswut ausgelöst werden könnten.

Während des Umzuges sollte der Hund Rescue-Tropfen erhalten, um die Aufregungen besser verarbeiten zu können.

Bachblüten

Walnut	- um veränderte Situationen zu akzeptieren
Star of Betlehem	- zur „Schockverarbeitung“ in einer Lebensumstellung
Heather	- bekämpft die Gefühle, um im Mittelpunkt stehen zu wollen
Holly	- zur Steigerung der Toleranz und Aggressionsvermei dung
Gentian	- gegen Mißtrauen und negative Stimmungen

8.10 Vernachlässigte Hunde

Manche scheinen ihre gesamte Erziehung vergessen zu haben, überhören alle Kommandos – andere scheinen ihre Umwelt kaum noch wahrzunehmen oder verweigern schlicht den Gehorsam.

Hunde die vernachlässigt werden oder sich so fühlen, gehen innerlich auf Distanz zu ihren „alten“ oder „neuen“ Menschen. Häufig sind diese Probleme bei Hunden zu finden, die aus einer extrem schlechten Haltung befreit wurden und gänzlich jedes Vertrauen zum Menschen verloren haben. Aber auch unbemerkt kann sich ein solches Gefühl in den Alltag des Hundes einschleichen. Manchmal haben die Besitzer durch eine neue Stellung oder familiäre Probleme einfach kaum noch Zeit für gemeinsame Unternehmungen mit dem Hund und keinem fällt es auf – außer dem Hund selbst. Zu den Abwehrreaktionen gehören Zerstörungswut, Befehlsverweigerung und eine große Gleichgültigkeit. Der Hund hat das Gefühl, er gehöre nicht mehr dazu. Besonders schwächere, wenig selbstbewusste Hunde reagieren durch diese Vernachlässigungsanzeichen.

Hier hilft keine Strenge oder Strafe. Nur durch vermehrtes Zugehen auf den Hund, durch Spielreize und viel Abwechslung kommt man an das Tier heran. Besonders das gemeinsame Spiel fördert das verlorengegangene Vertrauen, baut Aggressionen ab und der Hund fühlt sich akzeptiert.

Diese „Störung" ist eigentlich lediglich eine deutliche Warnung an den Hundehalter, dass er etwas verändern muss.

Bachblüten

Wild Rose	- gegen Resignation und Verzweiflung
Willow	- gegen negative Stimmung und das Gefühl der Vernachlässigung
Sweet Chestnut	- gegen die innere Ausweglosigkeit
Larch	- zur Steigerung des Selbstvertrauens (nicht bei Aggressionen oder Zerstörungswut!)
Gorse	- für Tiere aus schlechter Haltung, gegen Resignation
Cherry Plum	- bei scheinbar großem inneren Druck, Bewegungsstereotypen und Temperamentsausbrüchen

8.11 Streunen

Kein Hund wird als Streuner geboren, sondern durch negative Umweltfaktoren hierzu veranlasst. Ein gut sozialisierter Hund, welcher den „Rudelchef" voll akzeptiert, hat keine Veranlassung, alleine durch die Gegend zu streifen. Zum Streunen neigt aber auch ein Hund, der mit seinen Lebensumständen unzufrieden ist. Manch einer kommt auch nicht mehr nach Hause sondern sucht sich ein neues Rudel, eine andere Familie. Glücklicherweise kommt diese Extremsituation selten vor. Häufiger ist der Hund, der regelmäßig und mit viel List und Tücke seine Spaziergänge alleine unternimmt. Hat er es einmal geschafft, auszurücken und bei diesem ersten Alleingang positive Erfahrungen gemacht, so wird er es immer wieder versuchen. Streuner leben heutzutage gefährlich: Sie könnten angefahren oder abgeschossen werden. Nicht selten passieren schwere Autounfälle, weil ein streunender Hund auf die Straße läuft und tierfreundliche Fahrer durch Vollbremsung große Schäden verursachen. Streuner landen oft im Tierheim und manch einer legt diese Eigenschaft sofort ab, sobald er sich in einer neuen Familie geborgen und akzeptiert fühlt.

Bei Hunden mit viel ursprünglichem Wildhundeblut sind alle Mühen vergebens, ebenso wie bei Hunden, welche schon mehrfach unterwegs waren und stets darauf bedacht sind, das Weite zu suchen. Hier hilft nur, dem Hund das Ausreißen unmöglich zu machen. Meist kommt der Streuner irgendwann nach Hause zurück, sofern ihm unterwegs nichts zustieß. Hunde mit hohen Wildhundeeigenschaften jedoch bleiben meist verschwunden, haben sie erst einmal ihre „Freiheit" entdeckt.

Eine Bachblütenempfehlung kann bei Streunern nicht gegeben werden. Hier hilft nur, das Verhältnis zwischen Herr und Hund zu intensivieren und dem Hund Zuhause möglichst viel Abwechslung zu bieten.

8.12 Verwüstungen im Garten

Besonders junge oder jugendliche Hunde graben manchmal gerne die Beete im Garten um oder buddeln große Löcher im Rasen, sobald sie alleine und unbeobachtet sind. Diese Hunde haben die entsprechenden Lektionen noch nicht gelernt und es ist ihnen schlichtweg langweilig. Ist der Hund nicht ausgelastet und reagiert sich auf diese Weise ab, so sind lange Spaziergänge unumgänglich. Unbekannte Gebiete in Feld und Flur lenken den Hund ab, machen müde und sorgen für Ausgeglichenheit und Zufriedenheit. Für besonders aktive Tiere empfiehlt sich das mitlaufen am Fahrrad oder beim Joggen, das gemütliche Spazierengehen könnte unter Umständen nicht ausreichen. Sobald der Hund ausgelastet ist, werden die Blumenbeete für ihn uninteressant. Erwischt man den Hund auf „frischer Tat", so schreckt man ihm am besten durch einen gezielten Schuß aus der Wasserpistole mit einem gleichzeitigen scharfen „Nein!" ab. Schimpfen nach der Tat wird keinen Erfolg zeigen, da er die Bestrafung nicht mehr mit dem Buddeln in Verbindung bringen kann. Großen Erfolg bietet auch ein eigener Hundesandkasten, worin man ab und zu einen Knochen oder ein Spielzeug vergräbt. Hier darf er nach Herzenslust graben, während alle anderen Stellen tabu sein müssen. Der durchschnittlich intelligente Hund versteht dies meist sehr rasch – vorausgesetzt, man lehrt es ihn auf die korrekte Art und Weise. Der Hund muss immer wieder gezeigt bekommen, wo er graben darf. Auch die im Handel erhältlichen „Verpiss-Dich" Pflanzen sind einen Versuch wert. Viele Hunde und Katzen meiden den – für Menschen nicht wahrnehmbaren Geruch dieser Pflanze.

Bachblüten

Heather	- wenn der Hund durch sein Verhalten Aufmerksamkeit erregen will und es als Protesthandlung einsetzt
Chestnut Bud	- falls der Hund die Lektionen nicht zu verstehen scheint
Vine	- für sehr dominante Tiere

8.13 Beuteaggression gegen Radfahrer, Jogger...

Vor allem Hunde, welche mit Radfahrern oder Joggern schlechte Erfahrungen gemacht haben, z.B. dass sie sich einmal heftig vor ihnen erschreckten, „jagen" diese Objekte. Auch Hunde, welchen zu wenig Bewegung verschafft wird, nutzen jede passende Gelegenheit für einen Spurt hinter dem sich schnell entfernenden Rad oder Läufer. Nachlaufen ist nun einmal ein wesentlicher Bestandteil des Hundewesens. Hier kommen wieder einmal die genetisch bedingten Jagdtriebe zur Geltung – etwas das davonläuft, könnte eine potentielle Beute sein.

Leider trifft auch manchen Radfahrer oder Jogger die Schuld – wobei man sicher nicht erwarten kann, dass jeder ein Hundefreund ist und über den entsprechenden „Hundeverstand" verfügt. Tritt der Radler z.B. aus lauter Angst nach dem Hund oder schlägt sogar nach ihm, so ist es nicht verwunderlich, dass das Tier noch vehementer versucht, den „Feind" zu stellen. Wer kann es dem Hund übelnehmen, dass er nach einer solchen Erfahrung alle Radfahrer oder Jogger angreift?

Daher sollte jeder Hundehalter seinen Hund soweit unter Kontrolle haben, um ihn jederzeit und in jeder Situation abrufen zu können. Hier kommt wieder das Dominanztraining und das Vertrauen zwischen Herrn und Hund zum Tragen. Der Hund wird nur dem gehorchen, dem er vertraut und den er als Rudelführer akzeptiert. Ist man sich seines Hundes nicht völlig sicher, so sollte man gezielt an diesem Problem arbeiten. Häufig hilft auch hier die Umkehr des Verhaltens durch Mithilfe befreundeter Radfahrer oder Jogger. Der Hund wird quasi provoziert und erhält dann von dem „Verfolgten" eine harmlose Strafe in Form von einem Schuss Wasser aus der Trinkflasche oder dem Werfen einer rasselnden Büchse. Gleichzeitig wird er von seinem Herrn gerufen und ausgiebig gelobt, sobald er etwas verschreckt zu ihm zurückkehrt. Mit dieser Methode sollte man allerdings bei sehr dominanten und großen Hunden vorsichtig sein, welche in ähnlichen Situationen schon in bösartiger Weise reagieren. Diese könnten völlig außer Kontrolle geraten. Recht zuverlässig hilft diese Methode jedoch bei den Hunden, welche lediglich eine „große Klappe" zeigen, im Grunde jedoch sehr gutmütig sind. Sie versuchen lediglich, den Radler oder Jogger – oder übrigens auch den klappernden Traktor o.ä., zu verjagen oder laufen einfach neugierig hinterher und oftmals genügt eine einzige dieser Lektionen, um den Hund eines Besseren zu belehren.

Das Kommando „Fuß" sollte solange trainiert werden, bis der Hund es zuverlässig - auch ohne Leine ausführt - sobald er beim Näherkommen eines der gefährdeten Objekte gerufen wird. Dieses Kommando sollte aber, sobald es beherrscht wird - auch nur in entsprechenden Situationen angewendet werden. Ansonsten muss der Hunde beim Spaziergang so viel wie irgend möglich, frei laufen dürfen!

Wer seinen Hund von klein auf besitzt und richtig erzogen hat, dessen Hund wird bei Radfahrern oder Läufern keine Probleme machen.

Bachblüten

Mimulus	- falls der Hund Ängste zeigt
Star of Betlehem	- um unangenehme Erlebnisse zu kompensieren
Vine	- um Dominanzprobleme zu klären – nur in Verbindung mit entsprechender Erziehung!

SCHLUSSWORT

Das Zusammenleben zwischen Hund und Mensch muss stets eine Konversation sein. Wenn der Hund also nicht wie „auf Knopfdruck“ reagiert, so will er seinem Menschen etwas klarmachen. Oft ist es keine Absicht sondern einfach fehlendes Wissen, welches zu unnötigen Missverständnissen führt. Fast immer ist der Mensch die Ursache des Fehlverhaltens des Hundes. Sobald der Mensch versteht, wie der Hund denkt und weshalb er manche Dinge tut, so funktioniert auch die Verständigung untereinander.

Der in der Erziehung angewandte Druck sollte dosiert sein, nach dem Motto: So viel wie nötig, so wenig wie möglich. Durch Geduld und Einfühlungsvermögen, gepaart mit der unbedingt nötigen Konsequenz, erreicht man ungleich mehr als durch eine harte Hand oder unnötige und völlig sinnlose Strafen. Das beste Erziehungsmittel hat man stets und kostenlos dabei: Die Belohnung durch Lob und Liebe.

ÜBER DIE AUTORIN

Marion Brehmer, geb. 1963 in Rüsselsheim, wurde an der Akademie für Tiernaturheilkunde zur Tierpsychologin ausgebildet. Sie lebt mit 2 Hunden im ländlichen Gründau und behandelt seit 1999 Pferde und Kleintiere.

Neben der Tätigkeit als Tierpsychologin und Bachblütentherapeutin ist sie als freie Autorin für verschiedene Fachzeitschriften tätig. Besonderen Wert legt sie auf die sanfte Erziehung und Verhaltenstherapie sowie den Einsatz gezielter Bach-Blütenmischungen.

Agrimony
(Odermennig)

Aspen
(Espe oder Zitterpappel)

Beech
(Rotbuche)

Centaury
(Tausendgül-denkraut)

Cerato
(Bleiwurz oder Hornkraut)

Cherry Plum
(Kirschpflaume)

Chestnut Bud
(Knospe der Roßkastanie)

Chicory
(Wegwarte)

Clematis
(Weiße Waldrebe)

Crab Apple
(Holzapfel)

Elm
(Ulme)

Gentian
(Herbstenzian)

Gorse
(Stechginster)

Heather
(Schotisches Heidekraut)

Holly
(Stechpalme)

Honeysuckle
(Geißblatt)

Hornbeam
(Hainbuche)

Impatiens
(Drüsentragen-
des Springkraut)

Larch
(Lärche)

Mimulus
(Gefleckte Gauklerblume)

Mustard
(Wilder Senf)

Oak
(Eiche)

Olive
(Olive)

Pine
(Schottische Kiefer)

Red Chestnut
(Rote Kastanie)

Rock Rose
(Gelbes Sonnen-röschen)

Rock Water
(Wasser aus heilkräftigen Quellen)

Scleranthus
(Einjähriger Knäuel)

Star of Betlehem
(Doldiger Milch-stern)

Sweet Chestnut
(Edelkastanie)

Vervain
(Eisenkraut)

Vine
(Weinrebe)

Walnut
(Walnuß)

Water Violet
(Sumpfwasser-feder)

White Chestnut
(Roßkastanie od. weiße Kastanie)

Wild Oat
(Waldtrespe)

Wild Rose
(Heckenrose)

Willow
(Gelbe Weide)

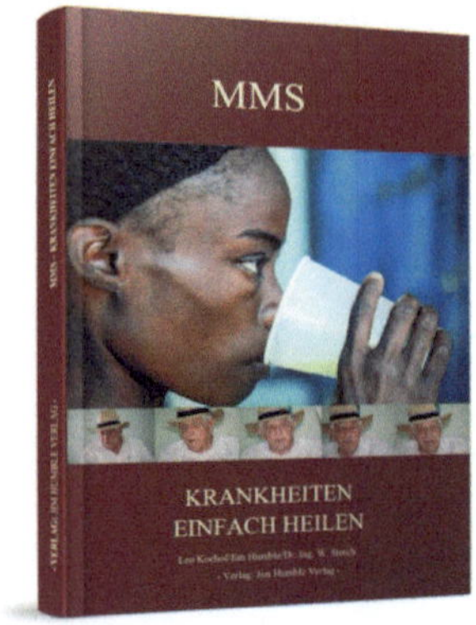

MMS – KRANKHEITEN EINFACH HEILEN

Das lang ersehnte MMS-Anwenderbuch.

Unser MMS-Bestseller: mehr als 20.000 verkaufte Exemplare innerhalb eines Jahres.

Nach der ersten Auflage von Jim Humbles Buch „MMS – Der Durchbruch“ im Jahre 2007 hat Jim Humble nicht still gesessen, sondern die Anleitungen von MMS weiterentwickelt. In diesem Buch, in dem Jim Humble als Co-Autor mit gearbeitet hat, finden Sie die neuesten Anleitungen und Anwendungsverfahren mit MMS, einfach und detailliert beschrieben und mit vielen Fotos illustriert.

Jim Humble sagt zu diesem Buch:

Leo Koehof, der Autor dieses Buches, hat viel Zeit mit mir in verschiedenen Ländern dieser Erde verbracht. Zunächst besuchte er mich für eine Woche in Malawi, Ostafrika, wo er Zeuge wurde, wie wir dort in einer Klinik viele Menschen mit MMS von Krankheiten wie HIV/AIDS und ihren vielen Begleiterkrankungen heilten. Obwohl er in Mozambique schon viele Menschen mit MMS behandelt hatte, besuchte er mich in der Dominikanischen Republik, um an meinem ersten Seminar über MMS teilzunehmen.

Obwohl MMS einfach in der Anwendung ist, ist dennoch ein solides Wissen notwendig, Leo hat in diesem Buch die verschiedenen Anwendungsbereiche und Anleitungen von MMS in einer einfachen aber präzisen Sprache verfasst, die auch für Laien verständlich ist ....
Jim Humble

DIE VERBOTENEN KREBSHEILUNGEN

Die Entdeckung und die Unterdrückung einer erfolgreichen Krebskur!

„Barry Lynes ist einer der wichtigsten Medizinjournalisten in unserem Land. Mit Unterstützung von John Crane, einem langjährigen Freund und Assistenten von Roy Rife, hat Barry ein Meisterwerk geschaffen … Die Ursache für Krebs und die Möglichkeit der Heilung waren bereits in den dreißiger Jahren bekannt. Dieses Geschenk an die Menschheit wurde all diese Jahre von den Mächtigen innerhalb der Medizin und der Pharmaindustrie unterdrückt. Wir sollten Barry dabei helfen, Rifes großartige Arbeit wieder in Erinnerung zu rufen."
Dr. med. Roy Kupsinel.

„Ein faszinierender Bericht über ein engagiertes wissenschaftliches Genie, das eine Ursache und eine Heilung für den Krebs gefunden hat – und die Geschichte der mächtigen Männer, die versuchten, den Menschen und seine Arbeit zu vernichten."
Dr. med. Alan Cantwell,

„Ich halte dieses Buch für überragend – viel besser als alles, was wir Wissenschaftler schreiben könnten … Ich habe erst vor Kurzem vom Mikroskop von Rife erfahren ... Ich bin wirklich froh, dass es nicht ganz verloren ging. Wir sollten alles tun, was in unserer Macht steht, um diese Sache zu unterstützen. Ich bin dem Autor dieses Buches wahnsinnig dankbar."

Dr. phil. Florence B. Seibert

MMS GOLD

Das neue Lebensmineral

Anwendungsmöglichkeiten von MMS-Gold.

Die Supermineralien ergänzen den Körper mit allen wichtigen Mineralien und Spurenelementen, die für eine optimale Zellfunktion unentbehrlich sind. Unerwünschte Stoffe werden gebunden und eliminiert, wodurch das Gleichgewicht im Körper wieder hergestellt wird. Es reinigt das Wasser, bricht Mikrocluster auf und restrukturiert und optimiert das Wasser.

Fügen Sie einfach ein paar Tropfen in das Wasser, das Sie zum Kochen und zum Trinken verwenden. Es eliminiert Chlor, Fluor, pharmazeutische Rückstände, Chemie, Plastik, Lösungsmittel, Schwermetalle und Pathogene aus dem Wasser. Es gibt dem Körper das ganze Spektrum an Spurenelementen in flüssiger Form. MMS-Gold tötet Viren, schädliche Bakterien und Parasiten durch Oxidation und verhindert deren Verbreitung und Wachstum, auch im Körper. Es löst Ablagerungen (Kalzifizierung) aus Zellen, Drüsen, Organen und anderen Körpergeweben. Es erhöht die Sauerstoffzufuhr und fördert die Aufnahme und die Assimilation von Nährstoffen in den Zellen.

Es stimuliert die Zellaktivität. Es aktiviert Hormonfunktionen wie die Freisetzung von Glutathion und Super-Oxid-Dismutase. Es findet ein tief gehender Wasseraustausch bis auf zelluläre Ebenen statt. Eine Anreicherung von Spurenelementen verbessert enzymatische Funktionen im Körper.

MMS GOLD - MINERALISCHE WASSERREINIGUNGSTROPFEN

Mit dem Supermineralwasser sind gute Erfolge erzielt worden.

Allgemeine und präventive Anwendung:
1x täglich 5 bis 8 Tropfen auf ein Glas Wasser.
Für das Reinigen von Obst, Gemüse und zum Kochen. 1 Esslöffel auf 10 Liter Wasser.

In der Badewanne: 3 Esslöffel auf eine Badewanne. Lassen Sie sich bis tief in die Poren reinwaschen. Sie werden staunen, wie rein sich Ihre Haut nach einem MMS-Gold-Bad mit Supermineralien anfühlt. Ein MMS-Gold-Bad ist sehr empfehlenswert bei Hautleiden, Erkältung, Heuschnupfen, Augenleiden, Problemen mit den Luftwegen. Reinigen Sie zuvor Ihre Badewanne, damit die Minerallösung sich nicht mit Unreinheiten verbindet.

Innere Körperreinigung: Superreinigung (Superspritze). Nehmen Sie 1-mal täglich (morgens) 1 Teelöffel MMS-Gold in einem Glas Wasser und trinken Sie das Wasser hintereinander leer. Fügen Sie einen Teelöffel MMS-Gold in einen Liter Wasser und trinken Sie dieses Wasser über den Tag verteilt. Sie werden sich nach einem Monat wie neu geboren fühlen. 1 Esslöffel in einen Liter Wasser. Trinken Sie das Wasser über den Tag verteilt.

Kurmäßig: Abhängig von der Art der Erkrankung kann es drei bis vier Monate dauern, bis Ihr Körper völlig mit den Mineralien und den Spurenelementen gesättigt worden ist. Während dieser Zeit kann es sein, dass Sie zunehmend Linderung der Schmerzen und der Krankheitssymptome an Ihrem Körper wahrnehmen.

MORINGA OLEIFERA

Die wichtigste Pflanze in der Menschheitsgeschichte.

Der Autor Claus Barta hat nach jahrelangen und akribischen Recherchen über Moringa Oleifera ein großartiges Sammelwerk über diesen außergewöhnlichen „Wunderbaum“ zustande gebracht.

Dieses Buch hat als Sach-, Fach-, und Lehrbuch bei Ärzten, Heilpraktikern und Nahrungswissenschaftlern große Begeisterung und Faszination ausgelöst.

Durch die einfache und sorgfältige Art der Erläuterungen und die vielen schönen Fotoaufnahmen des Moringabaumes ist dieses Buch auch geeignet für Laien und all diejenigen, die sich aus Interesse gerne mit dem Thema Nahrung und Gesundheit befassen möchten.

Gab es im Jahre 2008 im Internet noch keine deutschsprachigen Infor-mationen über Moringa Oleifera, so können Sie heute schon vieles über diese Pflanze finden. Immer wieder hören wir die gleiche Frage: „Warum habe ich nicht eher von Moringa gehört?“ Vielleicht ist für Sie der Name „Moringa“ auch noch ein Fremdwort. Unser Rat: Lesen Sie das Buch „Moringa Oleifera - Die wichtigste Pflanze in der Menschheitsgeschichte“, und lassen auch Sie sich von der wundervollen Heilkraft der Natur inspirieren.

Dank einiger engagierter Personen, wobei auch der Name von Prof. Dr. Klaus Becker nicht fehlen darf, konnte Moringa Oleifera in weniger als zwei Jahren bei einer großen Zahl von gesundheitsbewussten Menschen in Deutschland bekannt werden.

DIE KREBSLÜGE

In diesem Buch von Wolfgang U. Voigts lernen Sie die Erkrankung Krebs als ein Perpetuum Mobile kennen, das durch die „Chemie-Pharma“ nach dem Zweiten Weltkrieg entwickelt und bis zum heutigen Tag bewusst aufrechterhalten wurde.

Durch Fehlinformationen und Lügen wurde ein manipuliertes falsches Krankheitsbild erzeugt. Mit Beherrschung der Medien und Ausbildung eines gewaltigen Netzwerkes wurde dieses falsche Krankheitsbild weiter verbreitet.

Schon seit nahezu hundert Jahren sind die Zivilisationskrankheiten der Menschen ein lukratives Geschäft für die Pharma-Industrie. Diejenigen, die in diesem Geschäft die Fäden ziehen, sehen ihr Einkommen nicht gerne geschmälert. Krebs ist dabei eine der lukrativsten Quellen, die man auch weiterhin ausbeuten will.

Als Wissenschaftler und „Krebskranker“ auf der Suche nach Heilung wurde er schnell mit den Widersprüchen der Medizin bzgl. dieser und anderer Zivilisationskrankheiten konfrontiert und fing an, unkonventionelle (Aus-)Wege zu suchen. Er wusste, den Krebs zu stoppen und den Körper ohne jegliche pharmazeutische Therapie, nur mit natürlichen Mitteln, zu heilen.

Die Krebslüge ist ein empfehlenswertes Buch für alle, die mit der Krebskrankheit konfrontiert sind, aber auch für all diejenigen, die sich vor solch einer Diagnose schützen wollen.

SCHWARZE SALBE

HEILUNG VON BRUST- UND HAUTKREBS IM 21. JAHRHUNDERT

Das neue Credo nach MMS

Die Schwarze Salbe ist eine neu entdeckte, aber altbewährte „Salbe", die leider in Vergessenheit geraten ist.

Bei dem Wort „Salbe" denkt man sofort an eine medizinische Creme zur Behandlung von Hautkrankheiten. Bei der „Schwarzen Salbe" handelt es sich jedoch um eine Diagnosemöglichkeit, ob Sie Krebs haben oder nicht.

Tragen Sie die „Schwarze Salbe" einfach für 24 Stunden auf die vermutete Krebsstelle auf. Danach können Sie die Salbe mit warmem Wasser abwaschen.

Die meisten Menschen spüren die ersten Tage nichts. Der Nachweis, ob es sich um vermuteten Brust- oder Hautkrebs handelte, vollzieht sich oft in der Tiefe des Gewebes. Innerhalb von ca. 14 Tagen fällt das Krebsgeschwür aus der Haut heraus. Nun wissen Sie, dass es sich um einen bösartigen Tumor handelte.

Differenzierung: Hat sich ein Krebsgeschwür gebildet, dann werden die Krebszellen von der gesunden Haut getrennt, und das kranke Gewebe löst sich und fällt aus der Haut heraus.

Lesen Sie alles dazu in diesem ungewöhnlichen Buch!

WENN HEILEN ZUM VERBRECHEN WIRD

Die erstaunliche Geschichte des Aufstiegs, des Untergangs und des Wiederaufstiegs der Krebskliniken von Hoxsey sind ein klassisches Beispiel für die unglückselige Politik der Medizin und die Unterdrückung vielversprechender alternativer Krebstherapien, deren Akzeptanz nun endlich unvermeidbar zu sein scheint. Als das Amt für alternative Medizin, eine Unterabteilung des Nationalen Instituts für Gesundheit, kürzlich eine vorläufige wissenschaftliche Untersuchung der Methoden Hoxseys in Auftrag gab, stellte dies eine radikale Abkehr von seiner bisherigen Politik dar, einen Waffenstillstand in einem fast 75 Jahre andauernden Krieg der Schulmedizin gegen die angebliche „Quacksalberei".

Die Regierung sah sich endlich genötigt, die wohl umstrittenste alternative Krebstherapie in der amerikanischen Geschichte anzuerkennen.

„Wenn Heilen zum Verbrechen wird" ist wohl die am besten erhaltene Dokumentation, die aufzeigt, welche verbrecherischen Wege die organisierte Medizin bewandert hat, um ihr Ziel, die Ausrottung der natürlichen Heilmethoden, zu erreichen.

Nach dem Lesen dieses Buches werden Sie wissen, was Sie bei einer Krankheit zu tun haben. Gehen Sie dennoch zum Arzt, sind Sie selber schuld.

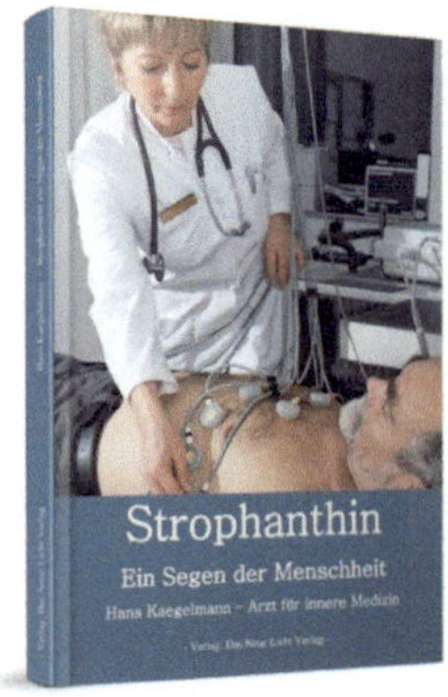

STROPHANTHIN

Ein Segen der Menschheit

Der Arzt Hans Kaegelmann geht mit den Strophanthin-Gegnern hart ins Gericht.

Seiner Meinung nach sind mit der präventiven peroralen Medikation von Strophanthin fast alle sogenannten Herzreinfarkte und Angina-Pectoris-Beschwerden vermeidbar.

Doch leider wurde, wie viele andere natürliche Heilmittel, auch dieses hochwirksame natürliche Medikament durch wirtschaftliche Interessen der Pharmaindustrie stillschweigend vom Markt verdrängt. Das Ergebnis ist, dass seitdem weltweit viele Menschen in einer Größenordnung unvorstellbaren Ausmaßes qualvoll und unnötig an Herzkrankheiten leiden und am Herzinfarkt sterben. Auch heute noch können viele Ärzte und Tausende Patienten die segensreiche Wirkung von Strophanthin bestätigen.

Die durch die Weltgesundheitsorganisation (WHO) statistisch belegte Pandemie der Herzinfarkte und übrigen Herzkrankheiten wird somit künstlich am Leben gehalten und könnte, laut Aussage des Arztes und Wissenschaftlers Hans Kaegelmann, bei der richtigen Anwendung von Strophanthin in kurzer Zeit beendet sein.

In diesem Buch informiert Hans Kaegelmann auf eine für jeden Betroffenen leicht verständliche Art und Weise, was er tun kann um sein unnötiges Leiden zu beenden.